0.4kV低压配网不停电专业系列丛书

0.4kV低压配电柜及低压用户
不停电检修实用教程

0.4kV DIYA PEIDIANGUI JI DIYA YONGHU
BUTINGDIAN JIANXIU SHIYONG JIAOCHENG

杨 力 主编

黄河水利出版社
· 郑州 ·

内 容 提 要

本书是根据国家电网有限公司 0.4 kV 配网不停电作业试点工作要求,贯彻执行国家电网有限公司运维检修部推广 0.4 kV 配网不停电作业原则和规格项目开发原则,结合目前从事 0.4 kV 配网不停电作业培训工作情况,开发的 0.4 kV 配网不停电作业系列教材之一。本书包含了 0.4 kV 配网不停电作业配电柜(房)和低压用户作业两大类操作项目,主要内容有两大类操作项目介绍、技术装备讲授、9 个项目的培训、考核标准,以及典型案例。

本书可作为 0.4 kV 配网不停电作业培训教材和参考书,还可以作为带电实训基地资质取证培训及各类电力培训中心从事 0.4 kV 低压配网不停电作业生产人员专业岗前和履职培训教材。

图书在版编目(CIP)数据

0.4 kV 低压配电柜及低压用户不停电检修实用教程/杨力主编. —郑州:黄河水利出版社,2022.1

(0.4 kV 低压配网不停电专业系列丛书)

ISBN 978-7-5509-3175-6

Ⅰ.①0… Ⅱ.①杨… Ⅲ.①低压配电-配电装置-带电作业-技术培训-教材 Ⅳ.①TM642

中国版本图书馆 CIP 数据核字(2021)第 254080 号

策划编辑:郑佩佩　电话:0371-66025355　E-mail:1542207250@qq.com

出 版 社:黄河水利出版社　　　　　　　　　　网址:www.yrcp.com
　　　　　地址:河南省郑州市顺河路黄委会综合楼 14 层　邮政编码:450003
发行单位:黄河水利出版社
　　　　　发行部电话:0371-66026940、66020550、66028024、66022620(传真)
　　　　　E-mail:hhslcbs@126.com
承印单位:河南匠之心印刷有限公司
开本:787 mm×1 092 mm　1/16
印张:14.5
字数:335 千字
版次:2022 年 1 月第 1 版　　　　　　　　　　印次:2022 年 1 月第 1 次印刷

定价:160.00 元

《0.4 kV 低压配电柜及低压用户不停电检修实用教程》

编写委员会

主　编　杨　力

副主编　全昌前　张　珂

参　编　白　杨　胡永银　李明志　税　月

　　　　张海容　杜印官　魏　欣

主　审　郑和平

P 前言
Preface

0.4 kV 配电网是城乡配网线路的重要组成部分,其线路路径长,设备密集。随着供电用户需求的不断增加,线路运行负荷日益严重,线路故障率增加趋势明显,因此在加速改造配电网过程中,0.4 kV 配电网检修工作量逐步增大。开展 0.4 kV 配电网不停电作业,有利于缓解配电网检修给电力用户带来的停电影响,可有效地提高用户供电可靠性和电力服务质量,保障系统安全、稳定运行。

2018 年 4 月,国家电网有限公司运维检修部组织召开 0.4 kV 配电网不停电作业试点工作启动会,对 0.4 kV 配电网不停电作业试点项目进行了讨论,根据当前 0.4 kV 配电网不停电作业的实际情况,以实现 0.4 kV 配电网不停电作业安全开展、持续提高配电网供电可靠性为目标,将中压配电网不停电作业方法拓展至低压配电网,并结合低压线路特点完善工具装备,建立标准规范,开展现场试点,解决低压线路检修影响服务质量的问题,拓展不停电作业适用电压等级,为 0.4 kV 配电网不停电作业推广提供先行试点经验。

本书根据 2018 年 12 月国家电网有限公司设备管理部组织召开的 0.4 kV 配电网不停电作业试点工作总结交流会的经验,结合四类 19 项 0.4 kV 配电电网不停电作业推广项目而开发的培训教材。本书包含了配电柜(房)和低压用户两大操作项目内容,系统介绍了这两大操作项目技术装备和相关 9 个推广项目培训及考核标准,最后以图文方式介绍了一例典型操作项目。目前,已经出版的 0.4 kV 低压不停电作业教材对操作项目只有流程介绍,缺少项目培训要求、教学时间安排、培训方法、培训流程和考核评分细则,本书填补了这一空白,可直接用于 0.4 kV 配网不停电作业操作项目培训和考核,本书操作项目在近几年培训中均有应用,因此具有较强的实用性和推广价值。

本书由国网四川省电力公司技能培训中心杨力高级工程师担任主编。全国带电作业标准化技术委员会专家郑和平高级工程师担任主审,参加编写的主要是国网带电作业实训基地(四川)长期从事配网不停电作业的技能专家。编写人员分工如下:国网四川省电力公司技能培训中心杨力编写第一章、第二章第六节,胡永银编写第二章第一节,税月编写第二章第二节,张珂编写第二章第三节,李明志编写第二章第四节,杜印官编写第二章第五节,张海容编写第二章第七节,全昌前编写第二章第八节,魏欣编写第二章第九节,国网四川省电力公司白杨编写第三章第一节;杨力和全昌前合编了第三章第二节。本书由杨力完成统稿。本书在编写过程得到了国网四川省电力公司、国网四川省电力公司技能培训中心的大力支持和有关专家的悉心指导,在此一并致谢。

由于作者水平有限,书中难免存在不妥之处,敬请大家批评指正。

编　者

2021 年 10 月

C目录
ontents

第 一 章

0.4 kV低压配电柜(房)及低压用户作业基础

第一节　0.4 kV 低压配电柜(房)作业项目介绍

根据低压线路设备现场的工作需求和作业的对象设备,可将 0.4 kV 不停电作业分为架空线路、电缆线路、配电柜(房)和低压用户终端作业四大类。

本节主要介绍 0.4 kV 低压配电柜(房)作业。

一、0.4 kV 低压配电柜(房)作业概述

配电柜(房)作业是针对低压配电柜(房)内常见的柜内异物、熔丝烧断、设备损坏等问题,在低压配电柜(房)内开展的不停电作业,包括配电柜消缺、配电房母排绝缘遮蔽维护、更换设备等,解决低压配电柜(房)检修造成的用户大面积、长时间停电等问题。

二、0.4 kV 低压配电柜(房)作业项目

0.4 kV 低压配电柜(房)作业包括四个项目,其项目名称及作业方法如表 1-1 所示。

表 1-1　0.4 kV 低压配电柜(房)作业项目

序号	项目类别	项目名称	作业方法	推广范围
1	配电柜(房)作业	0.4 kV 低压配电柜(房)带电更换低压开关	绝缘手套作业法	公司系统
2		0.4 kV 低压配电柜(房)带电加装智能配变终端	绝缘手套作业法	山东公司
3		0.4 kV 带电更换配电柜电容	绝缘手套作业法	公司系统
4		0.4 kV 低压配电柜(房)带电新增加用户出线	绝缘手套作业法	公司系统

下面对这几个项目进行简单介绍。

(一)0.4 kV 低压配电柜(房)带电更换低压开关

1.适用范围

本项目主要适用于低压配电柜(房)带电更换低压断路器(低压配电柜总开关柜后有两路以上的分路)。

2.主要操作步骤

(1)作业前准备。

(2)工器具和低压断路器检查。

(3)低压断路器两侧验电。

(4)加装绝缘隔离设施。

（5）按照"先断电源侧、后断负荷侧"及"先断相线、后断零线"的顺序拆开低压开关的进出线端子，并对其进行绝缘遮蔽。

（6）更换低压开关。

（7）恢复低压开关进出线接线。

（8）拆除带电体和接地体绝缘遮蔽装置。

（9）工作结束，撤离现场。

3. 安全注意事项

（1）接触配电柜前应验明柜体无电，确认无漏电现象。

（2）应对作业范围内的带电体和接地体等进行必要的遮蔽，并且电工在作业时应站在绝缘垫上。

（3）应在开关断开状态下更换低压开关，避免负荷电流产生电弧伤人。

（4）低压开关进出线应编号，连接前应进行核对。

图 1-1 为配电柜带电更换低压开关示意图。

4. 工器具和材料

图 1-1 配电柜带电更换低压开关示意图

绝缘遮蔽用具、0.4 kV 绝缘垫、绝缘手工工具、绝缘绳、万用表和 0.4 kV 低压开关。

（二）0.4 kV 低压配电柜（房）带电加装智能配电变压器终端

1. 适用范围

该项目适用于配电室、箱式变压器、柱上变压器的智能配电变压器终端现场安装及验收测试。

2. 主要操作步骤

（1）作业前准备。

（2）验明柜体无电后，对带电部位进行必要的绝缘遮蔽。

（3）进线柜绝缘隔离。

（4）固定电压采集线。

（5）安装进线柜电流互感器。

（6）采集进线柜电压。

（7）拆除进线柜绝缘隔离装置。

（8）验电，出线柜绝缘隔离。

(9)安装出线柜电流互感器。

(10)采集出线柜电压。

(11)拆除出线柜遮蔽装置。

(12)工作完毕,检查接入回路是否正确、相关信号采集是否对应。

(13)离开作业区域,作业结束。

3. 安全注意事项

(1)接触配电柜前应验明柜体无电,确认无漏电现象。

(2)应对待更换低压开关两侧验电,确认负荷侧无电。

(2)应对配电柜上作业点临近带电部位和接地体进行必要的绝缘遮蔽。

(3)拆除接线端子时,应按照"先断负载侧、再断电源侧"和"先断相线、再断零线"的顺序进行,接线时则相反。

(4)工作中禁止将回路的永久接地点断开。所有电流互感器和电压互感器的二次绕组应该有一点且仅有一点永久地、可靠地保护接地。

图 1-2 为配电柜(房)带电加装智能配电变压器终端安装图。

图 1-2 配电柜(房)带电加装智能配电变压器终端安装图

4. 工器具和材料

绝缘遮蔽用具、低压绝缘垫、绝缘手工工具、绝缘绳、万用表、智能配电变压器终端、二次连接线、终端支架、ZR-KVVP22-10×2.5专用二次电缆、笔记本电脑等。

(三)0.4 kV 带电更换配电柜电容

1. 适用范围

本项目适用于 0.4 kV 绝缘手套作业法带电更换配电柜电容器工作。

2. 主要操作步骤

(1)作业前准备。

(2)验明柜体无电。

(3)拉开旧电容器断路器。

(4)进行绝缘隔开和绝缘遮蔽。

(5)对电容器放电。

(6)按照"先断相线、再断零线"的顺序拆除电容器组的电源侧连接线及接地线。

(7)更换电容器组。

(8)按照"先接零线、再接相线"的顺序恢复电容器组的接地线和三相连接线。

(9)拆除绝缘遮蔽装置。

(10)合上电容器开关。

(11)施工质量检查、验收。

3. 安全注意事项

(1)接触配电柜前应验明柜体无电,确认无漏电现象。

(2)应对作业范围内的带电体和接地体等进行必要的遮蔽,并可靠固定。

(3)更换电容器前,应断开电容器的空气开关或接触器。待更换电容器退出运行后,应逐相进行充分放电,验明无电后才能接触。

(4)拆除待更换的电容器前,应确保其他运行电容器组的外壳接地良好。

图1-3为带电更换配电柜电容器操作图。

4. 工器具和材料

低压绝缘垫、绝缘遮蔽用具、绝缘放电棒、旁路接地线、绝缘手工工具、电容器。

图1-3 带电更换配电柜电容器操作图

(四)0.4 kV 低压配电柜(房)带电新增加用户出线

1. 适用范围

本项目适用于0.4 kV 低压配电柜(房)带电新增加用户出线工作。

2. 主要操作步骤

(1)作业前准备。

(2)检查绝缘工器具及施工材料。

(3)对配电柜外壳验明无电后,拉开空气开关并确认。

(4)核对电源接入点。

(5)检查安全措施。

(6)设置绝缘遮蔽、隔离装置。

(7)核对相线和零线。

(8)对待接入电缆端子进行绝缘包裹。

(9)按照"先接零线、后接相线"的顺序将用户电缆端头接在空气开关的出线侧。

(10)拆除绝缘遮蔽、隔离装置。

(11)施工质量检查,工作结束。

3. 安全注意事项

（1）作业前应用低压验电器检验配电柜外壳是否有漏电。

（2）新增用户的电缆应绝缘良好，无接地、无负载（用户侧的空气开关在分闸状态）。

（3）在低压配电柜空气开关负荷侧接用户电缆端头时，应用验电器确认空气开关确已断开，且对带电和接地部位进行必要的绝缘遮蔽。

（4）应正确区分用户电缆的相别，确保接线正确。

图 1-4 为低压配电柜(房)带电新增加用户出线操作图。

图 1-4　低压配电柜(房)带电
新增加用户出线操作图

4. 工器具和材料

绝缘遮蔽用具、绝缘手工工具、绝缘胶带、低压电缆线。

第二节　0.4 kV 低压用户作业项目介绍

一、0.4 kV 低压用户作业概述

低压用户作业是针对低压用户临时取电和电表更换需求，在低压用户终端开展不停电作业，包括发电车低压侧临时取电、直接式或带互感器电度表更换等，解决用户停电时间长的问题，增加用户保电技术手段。

二、0.4 kV 低压用户作业项目

0.4 kV 低压用户作业包括两个项目，其项目名称及作业方法如表 1-2 所示。

表 1-2　0.4 kV 低压用户作业项目

序号	项目类别	项目名称	作业方法	推广范围
1	低压用户作业	0.4 kV 临时电源供电	绝缘手套作业法	公司系统
2		0.4 kV 架空线路(配电柜)临时取电向配电柜供电	绝缘手套作业法	公司系统

本节重点介绍这两个项目。

（一）0.4 kV 临时电源供电

1. 适用范围

本项目主要适用于 0.4 kV 绝缘手套作业法临时电源供电工作。

2. 主要操作步骤

(1)准备工作。

(2)工器具及材料选择。

(3)现场复勘。

(4)敷设防护垫布和盖板。

(5)在待供电低压侧设备与低压临时电源之间敷设旁路电缆。

(6)检测旁路设备整体的绝缘性能,并放电。

(7)临时电源出线电缆接入临时电源侧。

(8)设置遮蔽和隔离装置。

(9)配电箱侧安装临时电源出线电缆。

(10)启动发电车电源。

(11)确认发电机低压开关两侧相序一致。

(12)断开配电箱低压总开关。

(13)合上低压出线开关。

(14)检测负荷情况。

(15)拉开低压出线开关。

(16)拉开发电机出线开关,退出发电机电源。

(17)合上配电箱低压总开关。

(18)拆除电缆和绝缘遮蔽装置。

(19)施工质量检查,工作结束。

3. 安全注意事项

(1)旁路电缆在敷设时应避免在地面拖动,敷设完毕应分段绑扎固定。

(2)旁路设备联结后,用1 000 V绝缘电阻检测仪整体检测绝缘电阻不小于10 MΩ。旁路电缆绝缘检测完毕和退出运行后应进行充分放电。

(3)旁路电缆之间及与临时电源设备(发电车)之间应连接可靠。

(4)应对架空线及配电箱中可能触及的带电部位进行必要的绝缘遮蔽或隔离。

(5)在低压架空线上搭接旁路电缆引线前,应确认临时电源设备(发电车)出线开关处于分断位置;搭接时应严格按照"先接零线、后接相线"的顺序进行,且应确认相色标志的一致性。

(6)启动低压临时电源前,如为发电车,应先检查水位、油位、机油,确认供油、润滑、气路、水路的畅通,连接部位无渗漏,发电车接地良好。发电机启动后保持空载预热状态,直至水温达到规定值,电子屏显示各项参数在正常范围。

(7)临时电源接入前应进行核相。

(8)倒闸操作的顺序应正确。不具有同期并列功能的临时电源接入操作顺序为:先断开配电变压器低压侧开关,再合上低压临时电源出线开关。临时电源退出恢复正常供电操作顺序为:先断开低压临时电源出线开关,再合上配电变压器低压侧开关。

图 1-5 为临时电源供电操作图。

图 1-5　临时电源供电操作图

4. 工器具和材料

低压综合抢修车、0.4 kV 发电车或应急电源车、放电棒、绝缘遮蔽、绝缘横担、低压旁路作业设备、绝缘手工工具、0.4 kV 相序检测仪等。

(二)0.4 kV 架空线路(配电柜)临时取电向配电柜供电

1. 适用范围

本项目主要适用于 0.4 kV 架空线路(配电柜)临时取电向配电柜供电工作。

2. 主要操作步骤

(1)作业前准备。

(2)现场复勘。

(3)停放低压带电作业车,布置工作现场。

(4)检查绝缘工器具。

(5)检查低压开关及低压带电作业车。

(6)敷设防护垫布及旁路电缆。

(7)绝缘检测。

(8)作业人员穿戴个人防护用具。

(9)对架空线路验电。

(10)设置架空线路绝缘遮蔽、隔离设施。

(11)安装电缆支架固定旁路电缆。

(12)低压配电柜验电。

(13)设置配电柜绝缘遮蔽、隔离设施。

(14)在配电箱(柜)的进线开关(或闸刀)的负荷侧接入低压旁路电缆。

(15)按照"先接零线、再接相线"的顺序在低压架空线路上挂接低压柔性电缆。

(16)在配电箱(柜)进线开关(或闸刀)的负荷侧确认相序正确。

(17)拉开配电柜低压总开关,合上配电柜旁路电缆间隔开关。

(18)检查负荷情况。

（19）拉开配电柜旁路电缆间隔开关，合上配电柜低压总开关。

（20）拆除架空线路侧旁路电缆，拆除旁路电缆。

（21）质量检查，工作结束。

3. 安全注意事项

（1）旁路电缆在敷设时应避免在地面拖动，敷设完毕应分段绑扎固定。

（2）旁路设备联结后，用1 000 V绝缘电阻检测仪检测旁路回路的整体绝缘电阻不小于10 MΩ。旁路电缆绝缘检测完毕和退出运行后应进行充分放电。

（3）旁路设备应连接可靠，相序正确。

（4）旁路设备运行期间，应定期监测其运行情况，并派专人看守、巡视，防止行人碰触，防止重型车辆碾压。

（5）转移的负荷与临时供电台区自有负荷相加不得大于临时供电配电箱（柜）的额定容量。

（6）转移的负荷电流应不大于旁路设备最小通流器件的额定电流。

（7）严格按照倒闸操作票进行操作，并执行唱票制。

架空线路临时取电向配电柜供电操作如图1-6所示。

图1-6 架空线路临时取电向配电柜供电操作图

4. 工器具和材料

低压带电作业车、放电棒、绝缘遮蔽用具、绝缘横担、低压旁路设备、绝缘手工工具、相序测试仪等。

第三节 0.4 kV 低压带电作业技术装备

一、0.4 kV 低压带电作业技术装备概述

0.4 kV 低压带电作业技术装备根据操作项目需要主要有绝缘手工工具、绝缘操作工具、个人防护用具、绝缘遮蔽用具、旁路作业设备、低压配电设备和带电作业特种车辆等。

(一)绝缘手工工具

除端部金属插件外,全部或主要部分由绝缘材料制成的手工工具,称为绝缘手工工具。其主要有绝缘螺丝刀、绝缘扳手、绝缘导线剥皮钳、钢丝钳、绝缘电缆切割工具和刀具等。

(二)绝缘操作工具

绝缘操作工具是指用于低压带电作业操作中大部分或全部绝缘的工器具。其可分为硬质绝缘操作用具(如绝缘操作杆、放电棒、绝缘夹钳等)和软质绝缘操作用具(如绝缘绳、绝缘绳套等)。

(三)个人防护用具

个人防护用具是指主要用于在作业过程中防止个人触电受伤害的工具。其主要有绝缘安全帽、绝缘上衣、绝缘裤、绝缘袖套、绝缘手套、防刺穿手套、绝缘鞋(靴)、绝缘垫、放电弧服等。

(四)绝缘遮蔽用具

绝缘遮蔽用具主要用于在低压带电作业中,需要对带电导线或地电位的杆塔构件进行绝缘遮蔽或绝缘隔离,是防护作业人员触电的辅助绝缘保护。

绝缘遮蔽用具分为硬质绝缘遮蔽用具(如绝缘遮蔽罩、绝缘隔板等)和软质绝缘遮蔽用具(如导线遮蔽管、绝缘毯等)。

(五)旁路作业设备

旁路作业设备指主要用于低压带电作业旁路项目操作的工器具,如旁路作业连接器、低压柔性电缆、低压负荷开关、绝缘支撑横担等。

(六)低压配电设备

低压配电设备是指电压在 1 kV 以下的电气设备。常见低压配电设备有低压隔离开关、低压断路器、交流接触器和低压配电柜等。

(七)带电作业特种车辆

带电作业特种车辆是指用于 0.4 kV 低压架空线路带电作业、低压旁路作业等操作项目的承载车辆。其主要有低压带电作业车、绝缘斗臂车、电源车、旁路电缆施放车等。

二、绝缘手工工具

输配电线路的绝缘手工工具主要有绝缘螺丝刀、绝缘扳手、钢丝钳、绝缘导线剥皮钳和齿轮断线钳等,是带电操作人员最常用的个人工器具。

(一)绝缘螺丝刀

1.绝缘螺丝刀的结构和功能

绝缘螺丝刀又称为改锥、起子,是在普通螺丝刀的旋杆金属部分套有绝缘套管,其头部有一字形和十字形两种。绝缘螺丝刀是用来旋紧或松开头部带沟槽的螺丝钉的工具。

绝缘螺丝刀实物如图1-7所示。

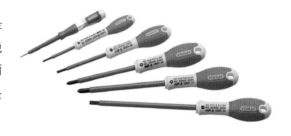

图1-7 绝缘螺丝刀实物

2.绝缘螺丝刀的类型和性能参数

(1)绝缘螺丝刀基本类型:绝缘一字螺丝刀、绝缘十字螺丝刀、绝缘快速螺丝刀、绝缘弯头螺丝刀。

(2)性能参数:绝缘螺丝刀一般以旋杆直径×旋杆长度作为规格参数,常用的旋杆直径有3 mm、5 mm、7 mm、9 mm 等,常用的旋杆长度有50 mm、100 mm、150 mm 和300 mm 等。

3.绝缘螺丝刀使用前的检查

(1)检查绝缘螺丝刀的手柄部分是否破裂和损坏,检查其绝缘套管是否松动和破裂。

(2)检查绝缘螺丝刀的刀口是否变钝和损坏,对刀口损坏严重、变形及手柄裂开或损坏的应报废。

4.绝缘螺丝刀使用方法

(1)应根据需旋紧或松开的螺丝钉头部的槽宽和槽形选用适当的绝缘螺丝刀。

(2)不能用较小的绝缘螺丝刀去旋拧较大的螺丝钉。

(3)绝缘十字螺丝刀用于旋紧或松开头部带十字槽的螺丝钉。

(4)绝缘弯头螺丝刀用于空间受到限制的螺丝钉头。

(5)不要用绝缘螺丝刀旋紧或松开握在手中工件上的螺丝钉,应将工件夹固在夹具内,以防伤人。

(6)不可用锤击绝缘螺丝刀手把柄端部的方法撬开缝隙或剔除金属毛刺及其他的物体。

(7)绝缘螺丝刀不可当撬棒使用,或用手锤打击螺丝刀把,也不可在螺丝刀柄与刀口处用扳手或钳子来增加扭力,以防螺丝刀弯曲损坏。

(8)禁用绝缘螺丝刀工具玩耍、打闹,以免伤人。

(9)使用绝缘螺丝刀时,姿势要正确,用力要适当。

绝缘螺丝刀的正确使用方法如图 1-8 所示。

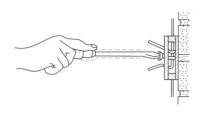

(a)较大旋具用法　　　　　　　　　　　(b)较小旋具用法

图 1-8　绝缘螺丝刀的正确使用方法

5.绝缘螺丝刀预防性试验

普通绝缘螺丝刀绝缘部分的耐压为 500 V,高压绝缘螺丝刀绝缘部分的耐压可以达到 1 000 V 或 1 500 V。

绝缘螺丝刀预防性试验包括外观检查和绝缘部分高压工频耐压试验,试验周期为 1 年。

(二)绝缘扳手

1.绝缘扳手的结构和功能

绝缘扳手主要由呆扳唇、活络扳唇、蜗轮、绝缘手柄等构成,如图 1-9 所示。绝缘扳手用于旋紧六角形、正方形螺钉和各种螺母的工具。绝缘活络扳手是一种旋紧或起松有角螺丝或螺母的工具,转动活络扳手的蜗轮,就可以调节扳口的大小。绝缘呆扳手的扳口固定成形不可以调节,只适用于同种规格螺丝。绝缘扳手采用工具钢、合金钢或可锻铸铁制成。

图 1-10 所示是绝缘呆扳手实物图。

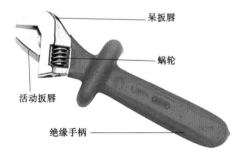

图 1-9　绝缘活络扳手实物图　　　　　　图 1-10　绝缘呆扳手实物图

2.绝缘扳手的基本类型和技术规格

输配电线路带电作业常用的绝缘扳手一般有绝缘活络扳手、绝缘呆扳手和绝缘套筒扳手等类型。

绝缘活络扳手规格有 200 mm、250 mm 和 300 mm(英制 8 in、10 in、12 in)三种。使用时要根据螺母的大小,选用适当规格的绝缘扳手,以免扳手过大,损伤螺母;或螺母过大,损伤扳手。

3. 绝缘扳手使用前的检查

(1)检查绝缘扳手的手柄部分是否破裂或损坏、绝缘部分是否老化。

(2)检查绝缘活络扳手扳口是否可以灵活调节。

4. 绝缘扳手的使用方法

(1)使用时应根据螺钉、螺母的形状、规格及工作条件选用规格相适应的绝缘活络扳手。

(2)绝缘活络扳手开口尺寸可在一定范围内调节,所以在开口尺寸范围内的螺钉、螺母一般都可以使用。

(3)不可用大尺寸的绝缘活络扳手去旋紧尺寸较小的螺钉,这样会因扭矩过大而使螺钉折断;应按螺钉六方头或螺母六方的对边尺寸调整开口,间隙不要过大,否则将会损坏螺钉头或螺母,并且容易滑脱,造成伤害事故;应让固定钳口受主要作用力,要将扳手手柄向作业者方向拉紧,不要向前推,扳手手柄不可以任意接长,不应将扳手当锤击工具使用。

5. 绝缘扳手预防性试验

对于绝缘扳手的绝缘部分,应定期做高压工频耐压试验,试验周期为 1 年。

(三)钢丝钳

1. 钢丝钳的结构和功能

钢丝钳,俗称卡钳、手钳,又称电工钳,是输配电线路带电作业使用的安全用具之一。它是钳夹和剪切的工具,其结构如图 1-11 所示,由钳头和钳柄组成。钳头有四口:钳口、齿口、刀口和铡口;钳柄套有绝缘套管。图 1-12 所示为钢丝钳实物图。

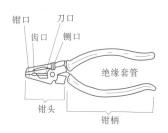

图 1-11 钢丝钳的结构

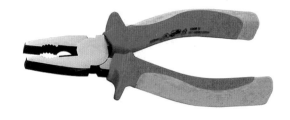

图 1-12 钢丝钳实物图

2. 钢丝钳的技术规格

常用的钢丝钳规格有 150 mm、175 mm、200 mm 三种,普通钢丝钳的绝缘手柄的耐压为 500 V,耐高压绝缘钢丝钳的工作电压可以达到 1 000 V。

图 1-13 为 1 000 V 耐高压绝缘钢丝钳实物图。

3. 钢丝钳使用前的检查

(1)钢丝钳在使用前应检查钳柄绝缘套管是否磨损、碰裂,以防在工作中钳头触碰到带电部位,致使钳柄带电而造成意外事故。

(2)使用前应扳动钳柄,检查钢丝钳钳口开合是否灵活可靠。

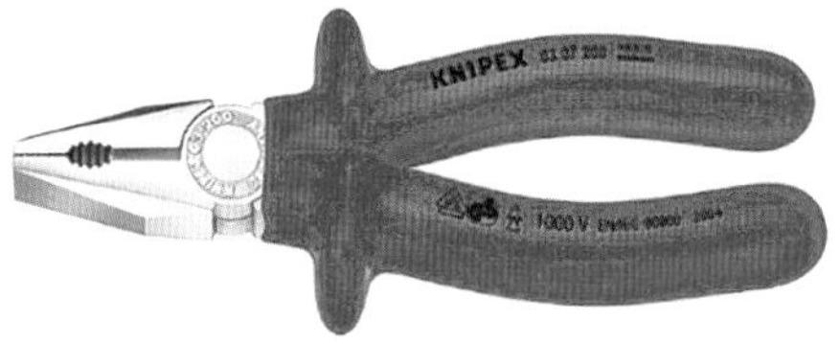

图 1-13 1 000 V 耐高压绝缘钢丝钳实物图

4. 钢丝钳的使用方法

(1)使用钢丝钳时,要使钳头的刀口朝内侧,即朝向自己,便于控制钳口部位;用小指伸在两钳柄中间,用以抵住钳柄,张开钳头。

(2)在使用中还需注意的是,切勿用刀口去钳断钢丝,以免刀口损伤。钢丝钳的刀口可用来切剪电线、铁丝。剪 8 号镀锌铁丝时,应用刀刃绕表面来回割几下,然后只须轻轻一扳,铁丝即断。

用电工钢丝钳剪切带电导线时,不得用钳口同时剪切相线和零线,或同时剪切两根相线,那样均会造成线路短路。

(3)钳头不可代替手锤作为敲打工具。

(4)钢丝钳使用中切忌乱扔、砸或使用钳柄矫直钢线,以免损坏绝缘套管。

(5)用钢丝钳缠绕抱箍固定拉线时,钳子齿口夹住铁丝,以顺时针方向缠绕。

5. 钢丝钳的预防性试验

耐高压绝缘钢丝钳预防性试验包括外观检查和绝缘部分高压工频耐压试验,试验周期为 1 年。

(四)绝缘导线剥皮钳

1. 绝缘导线剥皮钳的结构和功能

绝缘导线剥皮钳又称为绝缘导线剥皮器,主要用于剥除绝缘导线的绝缘层,目前主要用于 10 kV 绝缘导线和高压电缆绝缘层剥除操作。国产 BXQ-Z-40A 旋切式剥皮钳结构由固定旋钮、进刀旋钮、固定钳头、圆柱体切刀、滑动钳头和手柄组成,如图 1-14 所示。刀片采用合金钢制造,刀片锋利、耐用,刀头可以拆卸、修磨,剥皮厚度可由进给刻度保证,操作直观便利。

图 1-15 为 BXQ-Z-40A 旋切式剥皮钳实物图。

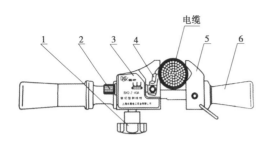

1—固定旋钮;2—进刀旋钮;3—固定钳头;

4—圆柱体切刀;5—滑动钳头;6—手柄

图1-14　BXQ-Z-40A旋切式剥皮钳结构示意图

图1-15　BXQ-Z-40A旋切式剥皮钳实物图

2.绝缘导线剥皮器的基本类型和性能参数

绝缘导线剥皮器按操作方式来分有手动和电动两类,按生产厂家来分有日制、美制、合资、意制和国产几种。其主要用于10 kV绝缘导线和高压电缆绝缘层剥皮操作。

表1-3为几种常用绝缘导线剥皮器类型及性能参数。

表1-3　绝缘导线剥皮器类型及性能参数

序号	型号	制式类别	性能参数	用途
1	NP400	日制	适用于直径12~32 mm,绝缘层厚度1.4~4 mm绝缘导线	适用于剥除架空绝缘导线绝缘层
2	WS-50	美制	剥除线径12.7~57.1 mm,剥除厚度8.5 mm,定位剥除长度150 mm	适用于10 kV主绝缘层、架空绝缘导线
3	TYX-300	合资	可剥除绝缘导线截面面积:25~300 mm²	适用于架空绝缘导线
4	AV6220	意制	适用电缆直径25 mm以上,切割厚度5 mm	适用于剥除三芯电缆外皮
5	BXQ-Z-40A	国产	剥切直径12~40 mm,剥除厚度:终端剥切小于6 mm,中段剥切小于4 mm	主要用于绝缘导线、架空导线及电缆终端和中段的快速剥切

图1-16为NP400、AV6220、TYX-300和WS-50剥皮器实物图。

3.绝缘导线剥皮器使用前的检查

(1)使用前根据导线直径选择相应剥皮器,切忌超越范围使用,以免刀刃受损。

(2)若使用时间长,圆柱体切刀难免会钝,应及时用油石修磨,保证剥削质量。

(3)使用前应检查剥皮器各部分结构是否良好、旋钮是否灵活可靠,应无打滑失效

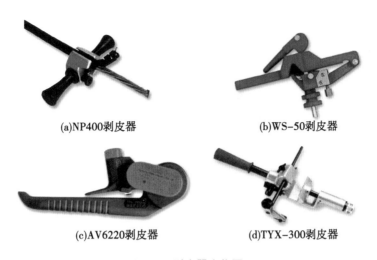

(a)NP400剥皮器   (b)WS-50剥皮器

(c)AV6220剥皮器   (d)TYX-300剥皮器

图 1-16 剥皮器实物图

情况。

4. 绝缘导线剥皮器的使用方法

国产 BXQ-Z-40A 剥皮钳的使用方法如下：

(1)根据图 1-14,放松固定旋钮 1,拉开滑动钳头 5,卡住导线的剥皮处,然后旋紧固定旋钮 1。

(2)逆时针转动进刀旋钮 2,同时观察刻度进给量(每格 1 mm),直至适当深度,即停止进给。

(3)旋紧剥皮钳,进给方向从右到左,快速向右略施加推力,使剥皮钳向左倾斜。

(4)旋削至预定长度时,取消向右推力,使机身原地旋削,此时皮屑即自行断落。

(5)顺时针方向转动进刀旋钮 2,使圆柱体切刀 4 退回(刻度退到 0),然后放松固定旋钮 1,拉开滑动钳头 5,取出导线,剥皮结束。

(6)在使用剥皮钳时,进刀进给深度应适当。在通常情况下,进给深度应留有 0.5~1 mm 的绝缘层,以免进给过深导致导线及圆柱体切口的刀口受损伤。

其他剥皮器请参考其使用说明书。

5. 绝缘导线剥皮器的预防性试验

绝缘导线剥皮器的预防性试验包括外观检查和绝缘部分工频耐压试验,试验周期为 1 年。

(五)齿轮断线钳

1. 齿轮断线钳的结构和功能

齿轮断线钳主要用于切断电缆,包括钢芯铝绞线、钢绞线和绝缘导线。台湾省生产的 LK-300B 型齿轮断线钳由绝缘手柄、动刀片、定刀片、盖板、止退旋钮和台阶螺丝几部分组成,如图 1-17 所示。

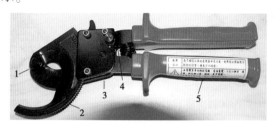

1—定刀片;2—动刀片;3—盖板;4—止退旋钮;5—台阶螺丝

图 1-17　齿轮断线钳结构图

2. 齿轮断线钳的基本类型

齿轮断线钳按生产厂家分有美制、台制、日制和国产几种,表 1-4 介绍了两种美制齿轮断线钳的型号和技术参数。

表 1-4　两种美制齿轮断线钳的型号和技术参数

品牌	美国 KUDOS	美国 KUDOS
型号	RCC-325	RCC-500
适用范围	325 mm² 以下铜铝电缆	500 mm² 以下铜铝电缆
尺寸(长)/mm	250	700
质量/kg	0.65	1.67
特点	单手操作:浸泡式防滑手柄;不可用于切断硬铜线或是任何有钢芯的线缆;切断刀刃较宽不易变形,棘轮齿距较小,切断省力	

图 1-18 为 RCC-325 型、RCC-500 型齿轮断线钳实物图。

(a)RCC-325型　　　　(b)RCC-500型

图 1-18　齿轮断线钳实物图

3. 齿轮断线钳的使用

(1)严禁超范围、超负荷使用。齿轮断线钳有其特定的额定强度,在使用时应根据实际需要合理选择品种规格,不得以小代大,不得剪切硬度大于断线钳刀口的物品,以免造成崩刃或卷刃。

（2）不得把齿轮断线钳当作普通钢制工器具使用。

（3）剪切前将止动旋钮置于使用位置,根据剪切导线直径调整剪口,将导线放入剪口,并通过压、放绝缘手柄使齿轮转动,使得动刀片和定刀片逐渐闭合。

（4）使用完后要将已经闭合的动刀片、定刀片置于打开状态,并及时清除弹簧、齿槽中的泥土杂物。

4. 齿轮断线钳的预防性试验

齿轮断线钳包括外观检查和绝缘部分工频耐压试验,试验周期为 1 年。

(六) 其他绝缘手工工具

1. 绝缘电工刀

常见直头和弯头绝缘电工刀如图 1-19 所示。

绝缘手柄的最小长度为 100 mm。为了防止工作时手滑向导体部分,手柄的前端应有护手,护手的最小高度为 5 mm。

护手内侧边缘到非绝缘部分的最小距离为 12 mm,刀口非绝缘部分的长度不超过 65 mm。

2. 绝缘镊子

常用直头和弯头绝缘镊子如图 1-20 所示。

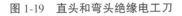

图 1-19　直头和弯头绝缘电工刀　　　　图 1-20　直头和弯头绝缘镊子

镊子的总长为 130~200 mm,手柄的长度应不小于 80 mm。

镊子的两手柄都应有一个护手,护手不能滑动,护手的高度和宽度应足以防止工作时手滑向端头未包覆绝缘的金属部分,最小尺寸为 5 mm。手柄边缘到工作端头绝缘部分的长度应在 12~35 mm,工作端头未绝缘部分的长度应不超过 20 mm。

全绝缘镊子应没有裸露导体部分。

三、绝缘操作工具

(一)绝缘操作杆

1. 绝缘操作杆的基本结构和功能

1)结构特点

(1)绝缘操作杆由接头、绝缘杆两部分组成,有的绝缘操作杆端部还有握柄部分。其接头可为固定式或拆卸式,固定在操作杆上的接头采用高强度材料。

图1-21为绝缘操作杆结构示意图。

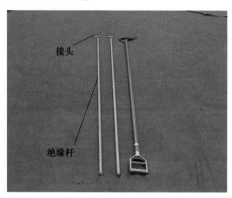

图1-21 绝缘操作杆结构示意图

(2)绝缘操作杆各部分长度应满足表1-5的要求。

表1-5 绝缘操作杆各部分长度要求

额定电压/kV	最短有效绝缘长度/m	端部金属接头长度/m	手持部分长度/m
10	0.70	≤0.10	≥0.60
35	0.90	≤0.10	≥0.60
66	1.00	≤0.10	≥0.60
110	1.30	≤0.10	≥0.70
220	2.10	≤0.10	≥0.90
330	3.10	≤0.10	≥1.00
500	4.00	≤0.10	≥1.00
750	5.00	≤0.10	≥1.00
±500	3.50	≤0.10	≥1.00

2)功能

在带电作业中,作业人员在绝缘操作杆装配对应的绝缘操作杆附件,就可在与带电体保持安全距离的情况下,使用绝缘操作杆完成断、接引线等多项操作。

2.绝缘操作杆的分类和技术规格

1) 分类

(1)绝缘操作杆按长度可分为 3 m、4 m、5 m、6 m、8 m、10 m。

(2)绝缘操作杆按电压等级可分为 10 kV、35 kV、110 kV、220 kV、330 kV、500 kV。

(3)绝缘操作杆按成型方式可分为手工卷制成型杆和机械拉挤成型杆两种。两种绝缘杆各有优势:手工卷制成型杆的优点是张性大,但是纵向强度相对机械拉挤成型杆小。机械拉挤成型杆的优点是强度大,但是横向张性相对手工卷制成型杆要小些。

(4)按照绝缘操作杆的结构可分为接口式绝缘操作杆、伸缩式绝缘操作杆和游刃式绝缘操作杆。接口式绝缘操作杆是比较常用的一种绝缘杆,分节处采用螺旋接口,最长可做到 10 m,可分节装袋,携带方便。伸缩式绝缘操作杆分 3 节伸缩设计,一般最长做到 6 m,质量轻、体积小、易携带、使用方便,可根据使用空间伸缩定位到任意长度,有效地克服了接口式绝缘操作杆因长度固定而使用不便的缺点。游刃式绝缘操作杆的接口处采用游刃设计,旋紧后不会倒转。

2) 技术规格

(1)绝缘操作杆的绝缘部分长度不应小于 0.7 m。

(2)绝缘操作杆的材料要耐压强度高、耐腐蚀、耐潮湿、机械强度大、质量轻,便于携带。

(3)绝缘操作杆 3 节之间的连接应牢固可靠,不得在操作中脱落。

3.绝缘操作杆的检查

绝缘操作杆在使用前必须进行的检查内容如下所述:

(1)检查绝缘操作杆的规格是否与工作线路电压等级一致,严禁使用不符合规格的绝缘操作杆。

(2)检查绝缘操作杆的试验合格证是否在有效期内。

(3)检查绝缘操作杆外观,不能有裂纹、划痕等外部损伤。

(4)绝缘操作杆节与节之间应连接牢固可靠。

4.绝缘操作杆的使用方法

(1)雨雪天气必须在室外进行操作的要使用带防雨雪罩的特殊绝缘操作杆。

(2)连接绝缘操作杆时,连接节与节的丝扣要离开地面,不可将杆体置于地面上,以防杂草、土进入丝扣中或黏附在杆体的外表,丝扣要轻轻拧紧,未拧紧前不得使用。

(3)使用时应尽量减少对杆体的弯曲力,以防损坏杆体。

图 1-22 为绝缘操作杆使用示例图。

5.绝缘操作杆预防性试验

绝缘操作杆预防性试验内容如下：

图1-22　绝缘操作杆使用示例图

（1）电气试验：绝缘操作杆的电气试验要求是 220 kV 及以下电压等级的试品应能通过短时工频耐受电压试验，330 kV 及以上电压等级的试品应能通过长时间工频耐受电压试验，330 kV 及以上电压等级的试品应能通过操作冲击耐受电压试验，试验周期为 1 年。

（2）机械试验：绝缘操作杆的机械试验项目有静抗弯负荷试验和动抗弯负荷试验，试验周期为 2 年。

（二）放电棒

1.主要作用

放电棒用于室外各项高电压试验、电容元件试验中，在其断电后，对其积累的电荷进行对地放电，确保人身安全。伸缩型高压放电棒便于携带，方便、灵活，具有体积小、质量轻、安全的特点，外形如图 1-23 所示。

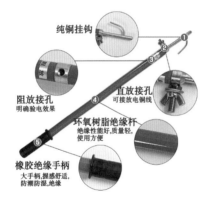
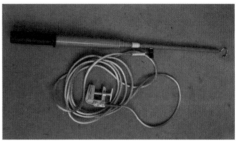

图1-23　放电棒

2.使用方法和注意事项

（1）把配制好的接地线插头插入放电棒的头端部位的插孔内，将地线的另一端与大地连接，接地要可靠。

（2）在试验完毕或元件断电后，方可放电。

（3）放电时应先用放电棒前端的金属尖头，慢慢地去靠近已断开电源的试品或元件，再用放电棒上接地线上的钩子去钩住试品，进行第二次直接对地放电。

（4）大电容积累电荷的大小与电容的大小、施加电压的高低和时间的长短成正比。

（5）严禁未拉开试验电源用放电棒对试品进行放电。

(6)放电棒受潮后会影响绝缘强度,应放在干燥的地方。

(7)放电棒应定期进行绝缘试验,一般每年试验 1 次。

(三)绝缘夹钳

1. 主要作用

绝缘夹钳是用来安装和拆卸高、低压熔断器或执行其他类似工作的工具,如图 1-24 所示。

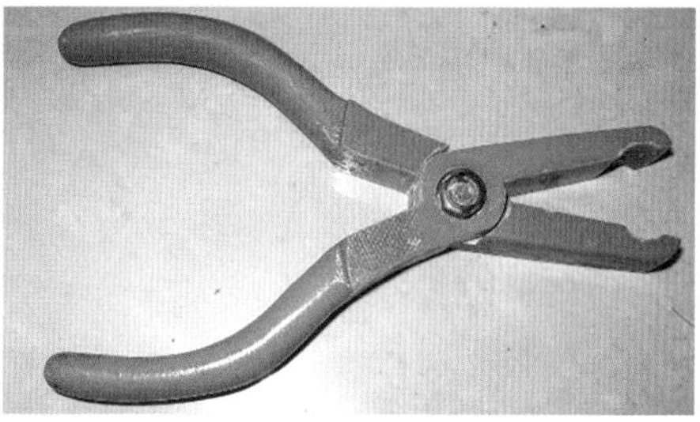

图 1-24 绝缘夹钳

2. 使用和保管注意事项

(1)绝缘夹钳不允许装接地线,以免操作时接地线在空中游荡造成接地短路和触电事故。

(2)在潮湿天气只能使用专用的防雨绝缘夹钳。

(3)绝缘夹钳要保存在特制的箱子里,以防受潮。

(4)工作时,应戴护目眼镜、绝缘手套和穿绝缘鞋或站在绝缘台(垫)上,手握绝缘夹钳时要保持平衡。

(5)绝缘夹钳要定期试验,试验周期为 1 年。

(四)绝缘绳

1. 绝缘绳的基本结构和功能

1)绝缘绳的基本结构

绝缘绳主要采用蚕丝或合成纤维为原料,其中以蚕丝绳应用得最为普遍。蚕丝在干燥状态下是良好的电气绝缘材料,但由于蚕丝的丝胶具有亲水性及纤维具有多孔性,因此具有很强的吸湿性。当蚕丝作为绝缘材料使用时,应特别注意避免受潮。以绝缘绳为主绝缘部件制成的工具,具有灵活、轻便、便于携带、适于现场作业等特点。图 1-25 为绝缘绳示例图。

图 1-25 绝缘绳示例图

2)绝缘绳的基本功能

绝缘绳广泛应用于带电作业工作中,是带电作业中最重要的绝缘材料之一,可用作运载工具、攀登工具、吊拉绳、连接套及保险绳等。此外,利用绝缘绳或绝缘带又可以制成绝缘软梯、腰带等。

带电作业常用的绝缘绳有蚕丝绳(分为生蚕丝绳和熟蚕丝绳)和尼龙绳(分为尼龙丝绳和尼龙线绳)等。在带电作业中,绝缘绳用于牵引、提升物体、临时拉线,制作软梯和滑车绳等。绝缘绳不但应有较高的机械强度,而且应具有耐磨性。

2.绝缘绳索的分类和技术规格

1)分类

(1)根据材料,绝缘绳分为天然纤维绝缘绳和合成绝缘绳。

(2)根据在潮湿状态下的电气性能,绝缘绳分为常规型绝缘绳和防潮型绝缘绳。

(3)根据机械强度,绝缘绳分为常规强度绝缘绳和高强度绝缘绳。

(4)根据编织工艺,绝缘绳分为编织绝缘绳、绞制绝缘绳和套织绝缘绳。

(5)根据使用用途,绝缘绳分为消弧绳、绝缘绳套、绝缘保险绳、绝缘测距绳和吊绳。

2)型号和规格

(1)消弧绳。消弧绳的型号由材料、代号、规格等部分组成。

示例:SCXHS-10×20 m。

其中:SC——桑蚕;XHS——消弧绳;10——绳径10 mm;20 m——长度20 m。

消弧绳的绳径以12 mm为宜,长度可分为15 m、20 m、30 m三种。

(2)绝缘绳套。

①无极绝缘绳套。无极绝缘绳套的型号由材料、代号、规格等部分组成。无极绝缘绳套的规格可以根据需要做成各种绳径和长度。

示例:JCSTW-16×400 m。

其中:JC——锦纶长丝;ST——绳套;W——无极绳套;16——绳径16 mm;400——长度400 m。

②两眼绝缘绳套。两眼绝缘绳套的型号由材料、代号、规格等部分组成。两眼绝缘绳套的规格可以根据需要做成各种绳径和长度。

示例:JCSTL-16×400 m。

其中:JC——锦纶长丝;ST——绳套;L——两眼绳套;16——绳径16 mm;400——长度400 m。

(3)绝缘保险绳。

①人身绝缘保险绳。人身绝缘保险绳的型号由材料、代号、规格等部分组成。人身绝缘保险绳的绳径不得小于14 mm,长度可以做成2~7 m各种规格。

示例:SCRBS—14×4 m。

其中:SC——桑蚕;RBS——人身保险绳;14——绳径14 mm;4——长度4 m。

②导线绝缘保险绳。导线绝缘保险绳的型号由材料、代号、规格等部分组成。

示例:SCDBS-30×4.5 m。

其中:SC——桑蚕;DBS——导线保险绳;30——绳径30 mm;4.5——长度4.5 m。

导线绝缘保险绳规格分类见表1-6。

(4)绝缘测距绳。绝缘测距绳的型号由材料、代号、规格等部分组成。

示例:SCCS-4×50 m。

其中:SC——桑蚕;CS——测距绳;4——绳径 4 mm;50 m——长度 50 m。绝缘测距绳的直径一般为 4~5 mm,长度为 50 m。

表 1-6　导线绝缘保险绳规格分类

型号	绳径 /mm	绳长 /m	额定负荷 /kN	电压等级 /kV	备注
SCDBS-18×2.5 m	18	2.5	8	35~110	
SCDBS-22×3.5 m	22	3.5	12	220	
SCDBS-34×3.5 m	34	3.5	24	220	适用于二分裂导线
SCDBS-34×4.5 m	34	4.5	24	330	适用于二分裂导线
SCDBS-34×5.5 m	2×34	5.5	2×24	500	适用于四分裂导线

注:500 kV 四分裂导线的绝缘保险绳应用 2 根 SCDBS-34×5.5 m。

3.绝缘绳的检查

(1)绝缘绳在使用前,必须做外观检查,严禁有金属丝物夹带缠绕;所有绝缘绳索类工具捻合成的绳索合绳股应紧密绞合,不得有松散、分股的现象。绳索各股及各股中丝线不应有叠痕、凸起、背股、抽筋等缺陷。

(2)绝缘绳在使用前必须检查其试验合格证是否在有效期内,不能使用超过有效试验期的绝缘绳。

(3)在使用前根据工作荷载选用绝缘绳的种类和直径;并使用 2 500 V 及以上兆欧表或绝缘检测仪进行分段绝缘检测(电极宽 2 cm,极间宽 2 cm),阻值应不低于 700 MΩ。绝缘绳检查示例图如图 1-26 所示。

图 1-26　绝缘绳检查示例图

4.绝缘绳的使用方法

(1)绝缘绳必须经试验合格后方可使用,严禁使用不合格的绝缘绳;在潮湿环境中须选择防潮绝缘绳;脏污严重的绝缘绳严禁在带电作业工作中使用。

(2)绝缘绳使用人员应戴清洁、干燥的手套。

(3)绝缘绳在使用过程中必须放在防潮垫布上,防止受潮和脏污。

(4)绝缘绳在使用过程中,应满足相对应电压等级的安全距离。

5.绝缘绳的试验

绝缘绳的试验类型有电气试验和机械试验两种。

(1)电气试验:主要是工频耐压试验和操作冲击耐压试验,周期为 1 年。

（2）机械试验：主要是静拉力试验，周期为 2 年。

四、个人防护用具

（一）带电作业用绝缘手套

1.带电作业用绝缘手套的基本结构和功能

1）结构特点

绝缘手套采用合成橡胶制成，绝缘手套可以加衬，以防止化学腐蚀和降低臭氧对手套产生的老化影响。

按结构可以分为大拇指基线、手腕、平袖口、卷边袖口、中指弯曲中点高度等部分，如图 1-27 所示。

2）基本功能

带电作业用绝缘手套是指在高压电气设备或装置上进行带电作业时起电气辅助绝缘作用的手套，采用合成橡胶或天然橡胶制成，主要对带电作业人员手部进行绝缘防护。目前绝缘等级最高为 2 级，即 10 kV 以下使用。

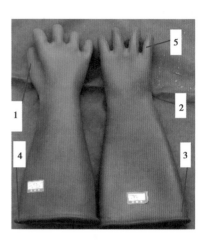

1—大拇指基线；2—手腕；3—平袖口；
4—卷边袖口；5—中指弯曲中点高度

图 1-27　绝缘手套示例图

2.带电作业用绝缘手套的分类和技术规格

1）分类

（1）按使用方法可分为常规型绝缘手套和复合型绝缘手套，本节重点介绍常规型绝缘手套。

（2）按形状可分为分指绝缘手套、连指绝缘手套、长袖复合绝缘手套和圆弧型袖口绝缘手套。

（3）按照电气性能的不同，可分为 0、1、2、3、4 五级。适用于不同标称电压的绝缘手套级别见表 1-7。

表 1-7　适用于不同标称电压的绝缘手套级别

编号	级别	AC^a/V
1	0	380
2	1	3 000
3	2	10 000
4	3	20 000
5	4	35 000

注：AC^a 在三相系统中指线电压。

（4）具有特殊性能的手套分为 5 种类型,分别为 A、H、Z、R、C 型,如表 1-8 所示。

表 1-8　特殊性能的手套类型

编号	级别	AC[a]/V
1	0	380
2	1	3 000
3	2	10 000
4	3	20 000
5	4	35 000

注:AC[a] 在三相系统中指线电压。

2）常规型绝缘手套技术参数

（1）绝缘手套的长度。

（2）带电作业用常规型绝缘手套的厚度。为保持适当的柔软性,手套平面(表面不加肋时)的最大厚度分为 0、1、2、3、4 五级,厚度有 1.00 mm、1.50 mm、2.30 mm、2.90 mm 和 3.60 mm 几种。

3. 常规型绝缘手套的检查

常规型绝缘手套在使用前必须进行检查,其内容如下:

（1）手套内外侧表面应通过检查确定无有害的、有形的表面缺陷。

（2）如某双手套中的一只可能不安全,则这双手套不能使用,应将其返回进行试验。

（3）使用前,做漏气试验检查,先对绝缘手套进行充气并挤压,置于面部,检查是否漏气,漏气试验检查如图 1-28 所示。

图 1-28　绝缘手套漏气试验检查

4. 普通型绝缘手套的使用方法

（1）使用时,在绝缘手套的最外层应使用机械防护手套(如羊皮手套)。绝缘手套使用示例图如图 1-29 所示。

（2）避免用绝缘手套直接用力按压尖锐物体。

5. 常规型绝缘手套的试验

常规型绝缘手套的试验内容如下:

（1）外观检查和测量:外观检查、尺寸检查、厚度检查、工艺及成型检查、标志检查、包装检查。

（2）机械试验:拉伸强度及拉断伸长率试验、拉伸永久变形试验、抗机械刺穿试验、耐磨试验、耐切割试验、抗撕裂试验。

（3）电气试验：交流验证试验、交流耐受试验、直流验证试验、直流电压试验。

（4）试验周期：预防性试验每年1次，检查性试验每年1次，两次试验间隔为半年。绝缘手套试验示例图如图1-30所示。

图1-29　绝缘手套使用示例图

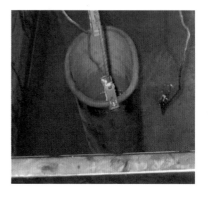

图1-30　绝缘手套试验示例图

（二）绝缘袖套

1.绝缘袖套的基本结构和功能

1）结构特点

绝缘袖套分为浸制、模压两种。浸制绝缘袖套与绝缘手套工艺相同，模压是采用模具压合成型。

绝缘袖套扣、绝缘袖套示例图分别如图1-31、图1-32所示。

图1-31　绝缘袖套扣示例图

图1-32　绝缘袖套示例图

2）基本功能

带电作业用绝缘袖套配合同等级的绝缘手套使用，保护肩臂部位；袖套扣配合袖套使用，要求具有良好的电气性能和较高的机械性能，并具有良好的绝缘性能。

2.绝缘袖套的分类和技术参数

1）分类

（1）绝缘袖套按外形分为直筒式和曲肘式两种。

（2）特殊性能的绝缘袖套可分为 A、H、Z、S 和 C 类五种，分别具有耐酸、耐油、耐臭氧、耐超低温性能。

（3）按耐压级别可分为 0、1、2、3 级，共四级。

2）技术参数

（1）厚度：绝缘袖套应具有足够的弹性且平坦，表面橡胶最大厚度必须满足表 1-9 的规定。

表 1-9　表面橡胶最大厚度

编号	级别	厚度/mm
1	0	1.00
2	1	1.50
3	2	2.50
4	3	2.90

（2）绝缘袖套采用无缝制作，袖套与袖套扣连接所留的小孔必须采用非金属加固边缘，直径一般为 8 mm。

（3）袖套内外表面均匀、光滑，有规则，无小孔、裂纹、局部隆起，无切口夹杂异物、折缝、凹凸波纹和铸造标志等。

3.绝缘袖套的检查

绝缘袖套在使用前必须进行外观检查，袖套内外侧表面应进行目测检查、尺寸检查、厚度检查、工艺及成型检查、标志检查、包装检查等。

4.绝缘袖套的使用方法

（1）使用前，进行外观检查。

（2）将绝缘袖套和绝缘扣可靠连接。

（3）避免被尖状物或锋利物划伤。

5.绝缘袖套的试验

绝缘袖套的常规试验内容如下：

（1）机械试验：拉伸强度及拉断伸长率试验、抗机械刺穿试验、拉伸永久变形试验。

（2）电气耐压试验：包括型式试验和抽样试验，电压持续时间为 3 min；出厂试验，电压持续时间为 1 min。

（3）绝缘袖套的预防性试验周期为每半年 1 次。

(三)绝缘服

绝缘服是用绝缘材料制成的服装，是保护带电作业人员接触带电体时免遭电击的一种人身安全防护用具。

1. 绝缘服的基本结构和功能

1）结构特点

（1）绝缘服用 ERV 树脂材料或合成橡胶制成，具有防止机械磨损、化学腐蚀和臭氧老化的作用。下面主要介绍 ERV 树脂材料制成的绝缘服，如图 1-33 所示。

（2）绝缘上衣的结构分为衣袖、袖口收紧带、衣身、纽扣。

（3）绝缘裤的结构分为裤带、腰部松紧带。

2）基本功能

对人体除头部、手、足外实现绝缘遮蔽，以保护带电作业人员接触带电体时免遭电击。

2. 绝缘服的分类和技术规格

1）分类

整套绝缘服包括绝缘上衣和绝缘裤，绝缘上衣分为普通绝缘上衣、网眼绝缘上衣和绝缘披肩。

图 1-33　绝缘服

2）技术参数

（1）绝缘上衣、绝缘裤的型号分为小号、中号、大号、加大号。

（2）绝缘服的表面应平整、均匀、光滑、无小孔、局部隆起、夹杂异物、折缝、空隙等，结合部分应采取无缝制作的方式。

（3）表面拉伸强度：拉伸强度平均值应不小于 9 MPa，最低值应不低于平均值的90%。

（4）表面抗机械刺穿：抗刺穿力平均值应不小于 15 N，最低值应不低于平均值的90%。

（5）表面抗撕裂：拉断力平均值应不小于 150 N，最低值应不低于平均值的90%。

（6）电气性能应满足表 1-10 的要求。

表 1-10　绝缘服的电气性能

交流电压试验	整衣层向验证电压/kV	20
	整衣层向耐受电压/kV	30
	沿面工频耐受电压/kV	100
电阻率测量	内层材料体积电阻系数/(Ω·cm)	$\geqslant 1 \times 10^{15}$

3. 绝缘服的检查

绝缘服在使用前必须进行检查，其内容有外观检查，其重点是工艺及成型检查，对内外侧表面应进行目视检查,表面应平整、均匀、光滑,无小孔、局部隆起、夹杂异物、折缝、空隙等,结合部分应采取无缝制作的方式;标志检查;包装检查等。

4.绝缘服的使用方法

(1)每次使用前都要对绝缘服的内外表面进行外观检查。

(2)如发现绝缘服存在可能影响安全性能的缺陷,禁止使用,并应对绝缘服进行试验。

(3)避免被尖状物或锋利物划伤。

绝缘服穿着示例图如图 1-34 所示。

5.绝缘服的保管注意事项

(1)绝缘服不能折叠,折痕会引起橡胶被氧化,降低绝缘性能。

图 1-34　绝缘服穿着示例图

(2)绝缘服应逐一悬挂在干燥、通风良好的带电作业工具库房专用不锈钢金属架上,如图 1-35 所示。

图 1-35　绝缘服存放保管示例图

(3)绝缘服禁止储存在蒸汽管、散热器或其他人造热源附近;禁止储存在阳光直射或人造光源附近,尤其要避免直接碰触尖锐物体,造成刺破或划伤。

(4)禁止绝缘服与油、酸、碱或其他有害物质接触,并距离热源 1 m 以上,储存环境温度宜为 10~21 ℃。

(5)当绝缘服被弄脏时应用肥皂和水清洗,彻底干燥后涂上滑石粉。如果有焦油和油漆这样的混合物黏附在其表面,应采用合适的溶剂擦去。

(6)在使用中绝缘服变湿或者洗了之后要进行彻底干燥,但是干燥温度不能超过 65 ℃。

6.绝缘服的试验

绝缘服常规试验内容如下:

(1)外观检查包括工艺及成型检查、标志检查、包装检查。

（2）机械试验：拉伸强度及拉断伸长率试验、抗机械刺穿试验、表面抗撕裂试验。

（3）绝缘服的预防性试验项目包括标志检查、交流耐压试验或直流耐压试验，试验周期为每半年 1 次。绝缘服预防性试验示例图如图 1-36 所示。

（四）带电作业用绝缘鞋（靴）

1. 带电作业用绝缘鞋（靴）的基本结构和功能

1）结构特点

图 1-36　绝缘服预防性试验示例图

绝缘鞋（靴）由鞋底、鞋面、鞋跟、靴筒等组成。绝缘鞋（靴）示例图如图 1-37 所示。

(a)绝缘鞋　　　　　　　　　(b)绝缘靴

图 1-37　绝缘鞋（靴）示例图

2）基本功能

（1）绝缘鞋是配电线路带电作业时使用的辅助安全用具。

（2）带电作业用绝缘鞋在高压电气设备或装置上进行带电作业时起电气辅助绝缘作用，它用合成橡胶或天然橡胶制成，主要对带电作业操作人员脚部进行绝缘防护，要求具有良好的电气性能，并具有良好的绝缘性能。目前绝缘等级最高为 2 级，即 10 kV 及以下使用。带电作业常用的绝缘鞋以进口为主，国产较少。

2. 带电作业用绝缘鞋的分类和技术参数

1）分类

（1）按系统电压分为 3~10 kV（工频）绝缘鞋和 0.4 kV 以下绝缘鞋。

（2）按材质分为布面绝缘鞋、皮面绝缘鞋、胶面绝缘鞋（靴）。

2）带电作业用绝缘鞋技术参数

（1）绝缘鞋宜用平跟，外底应有防滑花纹。

（2）绝缘鞋只能在规定的范围内作为辅助安全用具使用。

3.常规型绝缘鞋的检查

常规型绝缘鞋在使用前必须进行检查,其内容如下:

（1）外观检查,绝缘鞋内外侧表面应平整、无裂纹和孔洞等表面缺陷。

（2）如某双绝缘鞋中的一只可能不安全,则这双鞋不能使用,应将其返回进行试验。

（3）标志检查,其试验合格证应完整,且在有效期内。

4.带电作业绝缘鞋的使用方法

（1）穿戴正确。应在进入绝缘台或绝缘斗前穿好绝缘鞋,穿好后不准在地面或其他尖锐物上行走和踩踏。

（2）绝缘鞋的型号与作业人员的脚码相适应,不可过大或太小。

（3）绝缘鞋凡有破损、鞋底防滑齿磨平、外底磨透露出绝缘层或预防性检验不合格,均不得使用。

（4）使用中鞋变湿或者清洗之后要进行彻底干燥,但是干燥温度不能超过 65 ℃。

5.常规型绝缘鞋的保管注意事项

（1）存放地应干燥通风,堆放时离开地面和墙壁 20 cm 以上,离开一切发热体 1 m 以上,严禁与油、酸、碱或其他腐蚀性物品存放在一起。

（2）当鞋被弄脏时应用肥皂和水清洗,彻底干燥后涂上滑石粉。如果有焦油和油漆这样的混合物黏附在鞋上,应采用合适的溶剂擦去。

6.带电作业绝缘鞋试验

（1）机械性能试验:包括拉伸强度及拉断伸长率试验、耐磨性能试验、邵氏 A 硬度试验、围条与鞋帮黏附强度试验、鞋帮与鞋底剥离度试验、耐折性能试验。

（2）电气试验:包括交流验证电压试验和泄露电流试验。

（3）各种绝缘鞋预防性检验周期不应超过 6 个月。

（五）带电作业用防机械刺穿手套

1.带电作业用防机械刺穿手套的基本结构和功能

1）结构特点

（1）手套用合成橡胶制成,手套可以加衬,以防止机械磨损、化学腐蚀和臭氧的作用。

（2）主要部分由大拇指基线、手腕、平袖口、卷边袖口、中指弯曲中点高度组成,如图 1-38 所示。

图 1-38　防机械刺穿手套

2）基本功能

带电作业用防机械刺穿绝缘手套是指在高压电气设备或装置上进行带电作业时起电气辅助绝缘作用的手套，主要对带电作业操作人员手部进行绝缘防护，要求具有良好的电气性能和较高的机械性能。

2.带电作业用防机械刺穿绝缘手套的分类和技术参数

1）分类

（1）按使用方法可分为复合型绝缘手套、长袖复合型绝缘手套。

（2）按形状可分为分指绝缘手套和连指绝缘手套。

（3）按照电气特性的不同，规定了三种等级的手套：00级、0级和1级。适用于不同标称电压的防机械刺穿手套级别见表1-11。

表1-11　适用于不同标称电压的防机械防护手套级别

编号	级别	交流有效值/V	直流/V
1	00	500	750
2	0	1 000	1 500
3	1	3 000	11 250

注：在三相系统中指线电压。

（4）具有特殊性能的手套分为5种类型，分别为A、H、Z、P、C型，如表1-12所示。

表1-12　具有特殊性能的手套类型

编号	型号	特殊性能
1	A	耐酸
2	H	耐油
3	Z	耐臭氧
4	P	耐酸、油、臭氧
5	C	耐超低温

注：P兼有A、H、Z型的性能。

2）带电作业用防刺穿绝缘手套的技术参数

（1）带电作业用防刺穿绝缘手套自身具备机械保护性能，可以不用配合机械防护手套使用，并具有良好的绝缘性能。

（2）手套袖口可以制成带卷边的或不带卷边的。

（3）绝缘手套的长度。常规型不同级别的手套的长度标准如表1-13所示。

表 1-13　常规型不同级别的绝缘手套的长度

编号	级别	长度/mm				
1	00	270	360	—	—	800
2	0	270	360	410	460	800
3	1	—	—	410	460	800

注:复合型绝缘手套长度偏差允许±20 mm。

(4)带电作业用防机械防护绝缘手套的厚度:为保持适当的柔软性,手套平面(表面不加肋时)的最大厚度如表 1-14 所示。

表 1-14　手套平面的最大厚度

编号	级别	厚度/mm
1	00	1.80
2	0	2.30
3	1	—

注:级别"1"对应的厚度数值未确定。

3. 带电作业用防机械防护绝缘手套的检查

(1)手套内外侧表面应通过检查确定无有害的、有形的表面缺陷。

(2)为改善紧握性能而设计的手掌和手指表面,不应视为表面缺陷。

(3)如某双手套中的一只可能不安全,则这双手套不能使用,应将其返回进行试验。

4. 带电作业用防机械防护绝缘手套的使用方法

(1)使用前,做漏气试验检查,先对绝缘手套进行充气并挤压,置于面部,检查是否漏气。

(2)避免用绝缘手套直接用力按压尖状物体。

5. 防机械防护绝缘手套试验

防机械防护绝缘手套常规试验内容如下:

(1)机械试验:耐磨试验、抗机械刺穿试验、抗撕裂试验、拉伸强度及拉断伸长率试验、抗切割试验。

(2)电气性能试验:交流验证试验、交流耐受试验、受潮后的泄漏电流试验。

(3)防机械防护绝缘手套预防性试验周期为每半年 1 次。

(六)绝缘安全帽

绝缘安全帽是用来保护电气作业人员头部的防护用具,避免在带电作业时受到电击、撞伤或坠物打击伤害等。

1.带电作业用绝缘安全帽的基本结构和功能

1)结构特点

绝缘安全帽由帽壳、帽衬、下颏带、后箍等组成,绝缘安全帽无透气孔。内、外部结构如图1-39、图1-40所示。

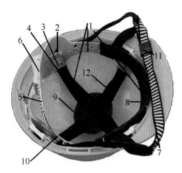

1—帽衬;2—连接孔;3—帽衬接头;4—托带;5—后扣;
6—后箍调节器;7—下颏带;8—吸汗带;9—衬垫;
10—帽箍;11—锁紧卡;12—护带

图1-39 绝缘安全帽内部结构示例图

1—帽壳;2—帽沿;3—帽舌;4—顶筋;5—插座

图1-40 绝缘安全帽外部结构示例图

2)基本功能

在带电作业时保护作业人员头部,能够屏蔽电弧、缓冲减震和分散应力,避免受到电击或机械伤害。

2.带电作业用绝缘安全帽的分类和技术参数

(1)分类:带电作业用绝缘安全帽按生产厂家主要分为美制、欧制、日制和国产,颜色主要有白色和黄色。

(2)绝缘安全帽技术参数:带电作业用绝缘安全帽,采用高密度复合聚酯材料,除具有符合安全帽检测标准的机械强度外,还应符合相关配电带电作业电气检测标准,其电介质的强度必须满足20 kV/3 min的试验要求。

3.绝缘安全帽的检查

(1)新的绝缘安全帽,首先检查是否有劳动部门允许生产的证明及产品合格证,再检查是否破损,薄厚是否均匀,缓冲层、调节带、弹性带是否齐全有效;检查安全帽上商标、型号、制造厂名称、生产日期和生产许可证编号是否完好。

(2)绝缘安全帽在使用前必须进行外观检查,检查安全帽的帽壳、帽箍、顶衬、下颏带、后扣(或帽箍扣)等组件是否完好无损,帽壳与顶衬缓冲空间在25~50 mm。试验合格证完好,且在试验有效期内。

(3)定期检查,检查有无龟裂、下凹、裂痕和磨损等情况,如发现异常现象要立即更换,不准再继续使用;任何受过重击、电击、有裂痕的绝缘安全帽不论有无损坏现象,均应报废;试验检测其绝缘性能。

绝缘安全帽壳不能有透气孔,应避免与普通安全帽混淆。

4.绝缘安全帽的使用方法

(1)戴绝缘安全帽前应将帽后调节带按自己头型调整到适合的位置(头部稍有约束感,但不难受的程度,以不系下颏带低头时安全帽不会脱落为宜),佩戴安全帽必须系好下颏带,下颏带应紧贴下颏,松紧以下颏有约束感,但不难受为宜。然后将帽内弹性带系牢。缓冲衬垫的松紧用带子调节,人的头顶和帽体内顶部的空间垂直距离一般在 25~50 mm,至少不要小于 32 mm。

(2)安全帽戴好后,应将后扣拧到合适位置(或将帽箍扣调整到合适的位置),锁好下颏带,防止工作中前倾后仰或其他原因造成滑落。不要把绝缘安全帽歪戴,也不要把帽沿戴在脑后方。否则,会降低安全帽对冲击的防护作用。

(3)绝缘安全帽的下颏带必须扣在颏下并系牢,松紧要适度。这样不至于被大风吹掉或者被其他障碍物碰掉或者由于头的前后摆动使安全帽脱落。

(4)严禁使用只有下颏带与帽壳连接的绝缘安全帽,也就是帽内无缓冲层的绝缘安全帽。

(5)严禁不规范使用安全帽,在现场作业中,作业人员不得将安全帽脱下搁置在一旁或当坐垫使用,不得不系下颏带或者不收紧,不得将下颏带放在帽衬内。

(6)平时使用绝缘安全帽时应保持整洁,不能接触火源,不要任意涂刷油漆。

5.绝缘安全帽试验

(1)绝缘安全帽出厂试验包括冲击吸收性能试验(经低温、高温、淋水预处理后做冲击试验,传递到头模上的力不超过 4 900 N)、耐穿刺性能试验、电绝缘性能试验、阻燃性能试验、侧向刚性试验、抗静电性能试验。

(2)绝缘安全帽要进行定期试验,机械试验和电气试验应每年 1 次,合格后方可继续使用。

(七)防电弧用品

1.基本功能

防电弧用品,在作业中遇到电弧或高温时,对人员起到重要的保护作用。

2.主要类型

防电弧用品主要有防电弧服、防电弧手套、防电弧鞋罩、防电弧头罩、防电弧面屏、护目镜等,其主要类型如图 1-41 所示。

(a)防电弧工作服　　(b)防电弧操作服　　(c)防电弧手套　　(d)防电弧鞋罩

图 1-41　防电弧用品

（1）防电弧服。防电弧服一旦接触到电弧火焰或炙热时,内部的高强低延伸防弹纤维会自动迅速膨胀,从而使面料变厚且密度变高,防止被点燃并有效隔绝电弧热伤害,形成对人体保护性的屏障。

（2）防电弧手套。防止意外接触电弧或高温引起的事故,能对手部起到保护作用。面料采用永久阻燃芳纶,不熔滴、不易燃,燃烧无浓烟,面料无碳化点。

（3）防电弧鞋罩。防止意外接触电弧或高温引起的事故,能对脚部起到保护作用。面料采用永久阻燃芳纶,不熔滴、不易燃,燃烧无浓烟,面料无碳化点。

（4）防电弧头罩、防电弧面屏。防止电弧飞溅、弧光和辐射光线对头部和颈部损伤的防护工具。

（5）护目镜。作业时能对眼睛起到一定防护作用。

3. 防电弧用品的选择

1）停电检修线路和设备及巡视、检测

室内 0.4 kV 设备与线路的停电检修工作,电弧能量不大于 5.7 cal/cm^2,须穿防电弧能力不小于 6.8 cal/cm^2 的分体式防电弧服装。户外 0.4 kV 架空线路的停电检修工作,电弧能量不大于 1.13 cal/cm^2,须穿防电弧能力不小于 1.4 cal/cm^2 的分体式防电弧服装。

室内巡视、检测和直接在户内配电柜内的测量工作,电弧能量不大于 17.47 cal/cm^2,须穿防电弧能力不小于 21 cal/cm^2 的连体式防电弧服装,戴防电弧面屏和防电弧手套。室外巡视、检测和在低压架空线路上的测量工作,电弧能量不大于 3.45 cal/cm^2,须穿防电弧能力不小于 4.1 cal/cm^2 的分体式防电弧服装,戴护目镜。

2）倒闸操作

在 0.4 kV 配电柜内倒闸操作,电弧能量不大于 21.36 cal/cm^2,须穿防电弧能力不小于 25.6 cal/cm² 的连体式防电弧服装,戴相应防护等级的防电弧头罩和防电弧手套、鞋罩。

3)0.4 kV 低压带电作业

0.4 kV 架空线路采用绝缘杆作业法进行带电作业,电弧能量不大于 1.13 cal/cm²,须穿防电弧能力不小于 1.4 cal/cm² 的分体式防电弧服装,戴护目镜。

0.4 kV 架空线路采用绝缘手套作业法进行带电作业,电弧能量不大于 5.63 cal/cm²,须穿防电弧能力不小于 6.8 cal/cm² 的分体式防电弧服装,戴相应防护等级的防电弧面屏。

0.4 kV 配电柜内进行带电作业,电弧能量不大于 21.36 cal/cm²,须穿防电弧能力不小于 25.6 cal/cm² 的连体式防电弧服装,穿相应防护等级的防电弧头罩。

4)邻近或交叉 0.4 kV 线路工作

邻近或交叉 0.4 kV 线路的维护工作,电弧能量均不大于 0.55 cal/cm²,须穿防护能力不小于 0.7 cal/cm² 的分体式防电弧服装。

4. 使用、维护

1)个人电弧防护用品的使用

(1)个人电弧防护用品应根据使用场所合理选择和配置。

(2)使用前,检查个人电弧防护用品应无损坏、沾污。检查应包括防电弧服各层面料及里料、拉链、门襟、缝线、扣子等主料及附件。

(3)使用时,应扣好防电弧服纽扣、袖口、袋口、拉链,袖口应贴紧手腕部分,没有防护效果的内层衣物不准露在外面。分体式防护服必须衣、裤成套穿着使用,且衣、裤必须有重叠面,重叠面的长度不少于 15 cm。

(4)使用后,应及时对个人电弧防护用品进行清洁、晾干,避免沾染油及其他易燃液体,并检查外表是否良好。

2)个人电弧防护用品的维护

(1)个人电弧防护用品应实行统一严格管理。

(2)个人电弧防护用品应存放在清洁、干燥、无油污和通风的环境,避免阳光直射。

(3)个人电弧防护用品不准与腐蚀性物品、油品或其他易燃物品共同存放,避免接触酸、碱等化学腐蚀品,以防止腐蚀损坏或被易燃液体渗透而失去阻燃及防电弧性能。

(4)修理防电弧服时只能用与生产服装相同的材料(线、织物、面料),不能使用其他材料。如出现线缝受损,应用阻燃线及时修补。较大的破损修补建议由专业服装技术工人执行。

(5)电弧防护服、防护头罩(不含面屏)、防护手套和鞋罩清洗时应用中性洗涤剂,不

得使用肥皂、肥皂粉、漂白粉(剂)洗涤去污,不得使用柔软剂。

(6)面屏表面清洗时避免采用硬质刷子或粗糙物体摩擦。

(7)防电弧服装应与其他服装分开清洗,宜采用热烘干方式干燥,晾干时避免日光直射、暴晒。

五、绝缘遮蔽用具

绝缘遮蔽用具采用绝缘材料制成,主要用于配电线路带电作业中遮蔽带电导体或非带电导体的绝缘保护用具。常用的绝缘遮蔽用具有绝缘遮蔽罩、绝缘挡板、绝缘套管、绝缘毯、绝缘垫等。

(一)绝缘遮蔽罩

绝缘遮蔽罩设置于作业人员与被遮蔽物之间,防止作业人员与带电体发生直接接触,起遮蔽或隔离的保护作用。

1. 绝缘遮蔽罩的基本结构和功能

下面主要介绍 10 kV 及以下配电线路带电作业用绝缘遮蔽罩(简称遮蔽罩)。

1)结构特点

(1)遮蔽罩采用环氧树脂材料、橡胶材料、塑料材料、聚合材料等绝缘材料制成。

(2)遮蔽罩可以是硬壳的,也可以是软质的,应适用于被遮蔽物,有阻碍人体直接接触带电体或接地体的功能,其长度一般不应超过 1.5 m。除满足必要的电气特性要求外,其尺寸要减到最小。

(3)遮蔽罩的保护区应有清晰、明显且牢固的标记。

(4)所有遮蔽罩应能用绝缘杆来装设,应设有提环、孔眼、挂钩等部件。

常见低压绝缘遮蔽用具示例图如图 1-42 所示。

| (a)低压绝缘毯 | (b)绝缘毯夹 | (c)绝缘子遮蔽罩 | (d)跳线遮蔽管 |
| (e)熔断器遮蔽罩 | (f)导线遮蔽管 | (g)绝缘隔板 |

图 1-42　常见低压绝缘遮蔽用具示例图

2)绝缘遮蔽罩的基本功能

在 10 kV 配电线路带电作业中,遮蔽罩不起主绝缘作用,它只适用于在带电作业人员发生意外短暂碰撞即擦过接触时,起绝缘遮蔽或隔离的保护作用。

2. 绝缘遮蔽罩的分类和技术规格

1)分类

(1)按照遮蔽对象的不同,遮蔽罩可分为硬壳型、软型或变形型,也可分为定型或平展型。

(2)根据用途不同遮蔽罩可分为导线遮蔽罩、针式绝缘子遮蔽罩、耐张装置遮蔽罩、悬垂装置遮蔽罩、线夹遮蔽罩、棒形绝缘子遮蔽罩、横担遮蔽罩、电杆遮蔽罩、套管遮蔽罩、跌落式熔断器遮蔽罩、避雷器遮蔽罩等,也可根据被遮物体专门设计。

(3)特殊性能的遮蔽罩分为 A、H、C、W、P 五种。

2)技术参数

(1)遮蔽罩应用吸湿性小的绝缘材料制成,绝缘材料应能满足在一定高温和低温情况下所要求的电气和机械性能。

(2)按照遮蔽罩电气性能可分为 0、1、2、3、4 级,共五级。

(3)绝缘遮蔽罩的主体表面应光滑,其内表面与外表面均不允许有小孔、接缝裂纹、浮泡、破口、不明杂物、磨损擦伤、明显机械加工痕迹等表面缺陷。

(4)遮蔽罩在结构上应有提环、筒眼、挂钩等部件。

(5)遮蔽罩上应设有一个或多个闭锁部件,防止在使用中或在外力作用下突然滑落。

3. 绝缘遮蔽罩的检查

为了确保遮蔽罩电气和机械特性的完整,在每次使用工具之前,应进行仔细的外观检查和试装配,内容如下:

(1)遮蔽罩经储存和运输之后应无损伤,工具的绝缘表面应无孔洞、撞伤、擦伤和裂缝等。

(2)遮蔽罩表面洁净干燥。

(3)遮蔽罩的可拆卸部件或各组件经装配后完整无缺。

(4)遮蔽罩应能正确操作,工具应转动灵活无卡阻,锁位功能正确等。

4. 绝缘遮蔽罩的使用方法

(1)绝缘遮蔽罩仅限于 10 kV 及以下电力设备的带电作业,如图 1-43 所示,为横担遮蔽罩和绝缘子遮蔽罩。

(2)遮蔽罩不起主绝缘作用,但允许偶尔短时"擦过接触",主要还是限制人体活动范围。

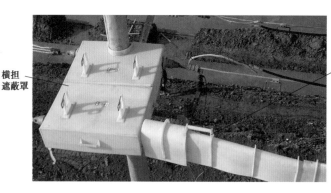

横担
遮蔽罩

绝缘子
遮蔽罩

图1-43　绝缘遮蔽罩使用示例图

（3）遮蔽罩应与人体安全保护用具并用。

（4）在遮蔽作业过程中绝缘遮蔽罩之间或与其他遮蔽物体的边缘重叠部位长度不得少于150 mm。

（5）每个遮蔽罩遮蔽的范围不能超出遮蔽罩保护区的保护范围。

5. 绝缘遮蔽罩的保管注意事项

（1）绝缘遮蔽罩不能折叠、挤压，折痕会引起橡胶被氧化，降低绝缘性能。

（2）遮蔽罩应存放在正确尺寸的存放袋内，分件包装，平坦放置。

（3）遮蔽罩禁止储存在蒸汽管、散热管或其他人造热源附近，禁止储存在阳光、灯光或其他光源直射的环境下，尤其要避免储存或挪动时直接碰触尖锐物体，造成刺破或划伤。

（4）禁止遮蔽罩与油、酸、碱或其他有害物质接触，并距离热源1 m以上。储存环境温度宜为10~21 ℃。

（5）对潮湿的遮蔽罩应进行彻底干燥，但干燥处理的温度不能超过65 ℃。

6. 绝缘遮蔽罩试验

（1）机械试验：遮蔽罩的机械试验为低温条件下的试验，遮蔽罩进行机械性能方面的试验包括模拟装配试验、软形绝缘遮蔽罩低温折叠试验、硬质绝缘遮蔽罩低温耐冲击试验。

（2）电气试验：包括工频耐压和泄漏电流试验、认证试验、耐臭氧试验、特殊性能试验。

（3）绝缘遮蔽罩的预防性试验应逐只进行，试验周期为每半年内进行一次。

（二）绝缘隔板

1. 绝缘隔板的基本结构和功能

1）结构特点

（1）绝缘隔板一般为环氧树脂玻璃钢材料制造，低压绝缘隔板如图1-44所示。

(2)绝缘隔板主要是由浸渍纸、棉布、无碱玻璃纤维布、浸渍酚醛、环氧树脂等材料组成,经浸透加压、烘干、打磨、固化而成的硬质板状绝缘材料。

2)基本功能

(1)绝缘隔板应具有很高的绝缘性能、防腐性及较高的耐热性,临时绝缘和隔离带电部件,限制带电作业人员活动范围,并提高对邻相的绝缘水平。

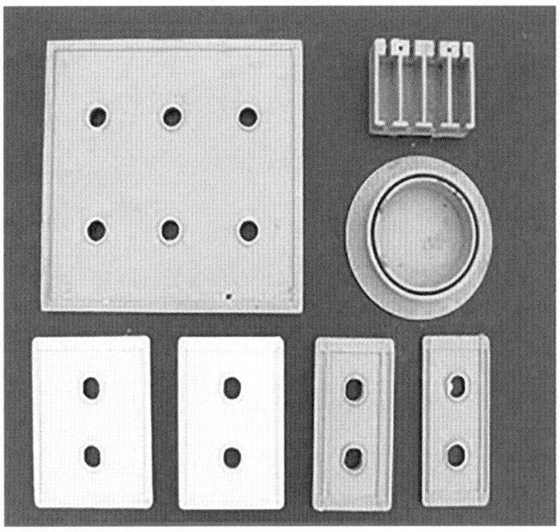

(2)在带电作业中,绝缘隔板也可置于拉开的刀闸动、静触头之间,以防止刀闸自行落下后误送电。

图1-44 低压绝缘隔板示意图

(3)环氧树脂具有良好的机械性能和稳定的耐压性,具有阻隔电弧、阻断电压及部分电流的作用。

2.绝缘隔板的分类和技术规格

1)分类

绝缘隔板主要分为带手柄绝缘隔板和系绳式绝缘隔板。

2)技术参数

(1)绝缘板外观、表面应平整光滑,均采用整板制作,颜色均匀,不允许有杂质和其他明显的缺陷,允许有轻微的擦伤,但边缘应切割整齐,断面没有分层和裂纹。

(2)绝缘隔板耐高温180~200 ℃,具有较高的机械性能和介电性能、较好的耐热性和耐潮性,并具有良好的机械加工性能。

(3)绝缘隔板颜色一般为米黄色,具有良好的耐油性和耐腐蚀性。

3.绝缘隔板的检查

为了确保绝缘隔板电气和机械特性的完整,在每次使用之前,应进行仔细的检查。其外观、表面应平整光滑,颜色均匀,无杂质和其他明显的缺陷,边缘整齐,断面没有分层和裂纹等;绝缘隔板表面应洁净干燥;绝缘隔板各组件完整无缺;绝缘隔板应能正确操作,锁位功能正确等。

4.绝缘隔板的使用方法

(1)仅限于10 kV 及以下电力设备的带电作业,绝缘隔板使用示例图如图1-45 所示。

(2)绝缘隔板不起主绝缘作用,应与人体安全保护用具一起使用。

(3)每个绝缘隔板隔离的范围不能超出隔板的保护范围。

(4)安装应牢固可靠,安装后便于拆卸。

5.绝缘隔板的保管注意事项

（1）绝缘隔板不能挤压，应平坦放置。

（2）禁止绝缘隔板与油、酸、碱或其他有害物质接触，并距离热源 1 m 以上。储存环境温度宜为 10~21 ℃。

（3）对潮湿的绝缘隔板应进行彻底干燥，但干燥处理的温度不能超过 65 ℃。

6.绝缘隔板试验

（1）机械试验：包括模拟装配试验和低温耐冲击试验。

图 1-45　绝缘隔板使用示例图

（2）电气试验：包括工频耐压和泄漏电流试验、认证试验等。

（3）绝缘隔板的预防性试验应逐只进行，试验周期为每半年进行 1 次。

（三）绝缘毯

1.绝缘毯的基本结构和功能

1）结构特点

（1）绝缘毯的形状可以是平展式的，也可以是开槽式的，还可以专门设计以满足特殊用途的需要。低压平展式树脂绝缘毯示例图如图 1-46 所示。图 1-47 为开槽式橡胶绝缘毯示例图。

图 1-46　低压平展式树脂绝缘毯示例图

（2）绝缘毯一般采用环氧树脂、橡胶等绝缘材料制成。

2）基本功能

（1）绝缘毯应具有很高的绝缘性能，具有良好的防腐性及较高的耐热性，起临时绝缘作用，保护电气作业人员在带电作业时避免误触带电体，隔离带电部件，并提高对邻相的绝缘水平。

（2）具有稳定的耐压性，能阻挡电弧、阻断电压及部分电流的作用。

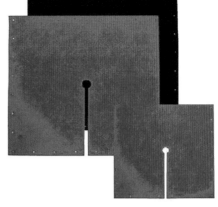

图 1-47　开槽式橡胶绝缘毯示例图

2.绝缘毯的分类和技术参数

1）分类

（1）绝缘毯分为树脂绝缘毯和橡胶绝缘毯。

（2）具有特殊性能和多重特殊性能的绝缘毯分为 6 种类型，分别为 A、H、Z、M、S、C 型。

2）技术参数

（1）绝缘毯按电气性能分为 0(380 V)、1(3 kV)、2(6～10 kV)、3(20 kV)四级。

（2）绝缘毯应采用绝缘的橡胶类和塑胶类材料，采用无缝制作工艺制成。绝缘毯上的孔眼必须用非金属材料加固边缘，其直径通常为 8 mm。

（3）绝缘毯上、下表面应不存在有害的不规则性，绝缘毯的保护区应有清晰、明显且牢固的标记。

3.绝缘毯的检查

为了确保绝缘毯电气和机械特性的完整，在每次使用之前，应对绝缘毯的两面进行仔细检查。其外观、表面应平整光滑、颜色均匀，无杂质、无针孔、无裂纹、无割伤和其他明显的缺陷；绝缘毯表面应洁净干燥；绝缘毯应具有试验合格证，且在试验有限期内。

4.绝缘毯的使用方法

（1）仅限于 10 kV 及以下电力设备的带电作业，如图 1-48 所示。

（2）不起主绝缘作用，但允许偶尔短时擦过接触，应与人体安全保护用具并用。

（3）每个绝缘毯的隔离范围不能超出保护区的保护范围。

（4）绝缘毯安装好后应用绝缘毯夹可靠固定。

（5）在遮蔽作业过程中，绝缘毯之间或与其他遮蔽物体的边缘重叠部位不得少于 150 mm。

5. 绝缘毯的保管注意事项

（1）绝缘毯应逐一储藏于有足够强度的包装袋内。小心地放置绝缘毯以确保其不被挤压和折叠，尤其要避免直接碰触尖锐物体，造成刺破或划伤。禁止储藏在蒸汽管、散热管或其他人造热源附近，并距离热源 1 m 以上。禁止储藏在阳光、灯光或其他光源直射的条件下；禁止与油、酸、碱或其他有害物质接触，储存环境温度宜为 10~21 ℃。

图 1-48　绝缘毯使用示例图

（2）对潮湿的绝缘毯应进行干燥处理，但干燥处理的温度不能超过 65 ℃。

6. 绝缘毯试验

（1）机械试验：拉伸强度及伸长率试验、抗机械刺穿试验、拉伸永久变形试验、抗撕裂试验。

（2）电气试验：交流电压试验包括交流电压认证试验和交流耐压试验。

（3）绝缘毯的预防性试验周期为每半年 1 次。

（四）绝缘垫

1. 绝缘垫的基本结构和功能

1）结构特点

绝缘垫采用橡胶类绝缘材料制作，上表面应采用皱纹状或菱形花纹状等防滑设计，以增强表面防滑性能，背面可采用布料或其他防滑材料，如图 1-49 所示。

2）基本功能

（1）绝缘垫采用橡胶类绝缘材料制

图 1-49　绝缘垫示例图

成，敷设在地面或接地物体上，以保护作业人员免遭电击。

（2）具有稳定的耐压性，能起到阻挡电弧、阻断电压及部分电流的作用。

2. 绝缘垫的分类和技术参数

1）分类

（1）按电压等级，可以分为 5 kV 绝缘垫、10 kV 绝缘垫、15 kV 绝缘毯、20 kV 绝缘板、25 kV 绝缘板、30 kV 绝缘板和 35 kV 绝缘板。

(2)按颜色,可以分为赤色绝缘垫、玄色绝缘垫、绿色绝缘垫。

2)技术参数

(1)绝缘垫按电气性能分为 0、1、2、3 级,共四级。

(2)绝缘垫应采用无缝制作工艺制成。

(3)绝缘垫上、下表面应不存在有害的不规则性。

(4)绝缘垫凹陷的直径不大于 1.6 m,边缘光滑,当凹陷处的反面包敷在拇指上扩展时,正面不应有可见痕迹。凹陷应在 5 个以下,且任意两个凹陷之间的距离不得大于 15 mm。当拉伸时,凹槽或模型趋向于平滑的表面。表面上由杂质形成的凸块不影响材料的延展。

3.绝缘垫的检查

为了确保绝缘垫电气和机械特性的完整,在每次使用之前,应对绝缘垫的两面进行仔细检查。其外观、表面应平整光滑、颜色均匀,无杂质、无针孔、无裂纹、无割伤和其他明显的缺陷;绝缘垫表面应洁净干燥;绝缘垫应具有试验合格证,且在试验有限期内。

4.绝缘垫的使用方法

(1)绝缘垫仅限于 10 kV 及以下电力设备的带电作业。

(2)绝缘垫不起主绝缘作用,但允许偶尔短时擦过接触,应与人体安全保护用具并用。

5.绝缘垫的保管注意事项

(1)绝缘垫应储存在专用箱内,避免阳光直射、雨雪侵淋,防止挤压和尖锐物体碰撞。

(2)禁止储存在蒸汽管、散热管或其他人造热源附近,并距离热源 1 m 以上;禁止储藏在阳光、灯光或其他光源直射的条件下;禁止与油、酸、碱或其他有害物质接触,储存环境温度宜为 10~21 ℃。

(3)对潮湿的绝缘垫应进行干燥处理,但干燥处理的温度不能超过 65 ℃。

6.绝缘垫试验

(1)机械试验:包括抗机械刺穿试验、防滑试验。

(2)电气试验:交流电压试验包括交流电压验证试验和交流耐压试验,交流耐压试验周期为每半年 1 次。

(3)在进行预防性试验时,必须检查标志。

六、旁路作业设备

旁路作业设备包括旁路快速连接器、母排汇流夹钳、低压柔性电缆、移动时低压配电箱、低压旁路应急母排等。

（一）旁路快速连接器

旁路快速连接器按其使用情况，可以分为插拔式连接器和螺栓压接式连接器，前者用于发电机组、应急/移动电源车、电缆充电设备及测试等设备，后者用于低压旁路电缆与作业车辆、配电装置的快速连接。

1. 插拔式连接器

插拔式连接器可用于等级5和等级6的柔性电缆，实现发电车线缆与输出端、接入端的快速连接。插拔式连接器的基本部件有公耦合器、母耦合器、面板插座，下面分别介绍其结构特点、性能参数和使用情况。

1）公、母耦合器

（1）功能。

公、母耦合器作为插拔式连接器的重要组成部分，与低压柔性电缆为固定式连接，可实现低压柔性电缆与其他装备和设备之间的快速连接，如图1-50所示。

硅胶色环

图1-50　公、母耦合器

（2）结构特点。

低压柔性电缆的终端头一般为公耦合器，现场作业时可实现与作业车辆、配电装置上的面板插座快速连接，作业完毕后低压柔性电缆可快速拆除。作业时如单组低压柔性电缆长度不够，一端有公耦合器的柔性电缆和一端有母耦合器的柔性电缆可实现快速对接，其通流能力与低压柔性电缆相匹配，可为不同作业现场低压柔性电缆的灵活配置提供方便。公、母耦合器可实现对接，其插合状态的防护等级为IP67。

公、母耦合器中上部套有颜色鲜明的硅胶色环，与之相配的连接器形成颜色的对应，避免误插。图1-50所示的绝缘层上有清晰可见的颜色标记。

2）面板插座

（1）功能。

面板插座作为作业车辆、配电装置与低压旁路电缆的快速连接器，是作业车辆和配电装置内部电气连接的组成部分，其连接和安装方式均为固定式，如图1-51所示。

（2）结构特点。

面板插座连接器的防尘盖用不同颜色原料注塑成型，外观上给人以非常直观的区

图 1-51　面板插座

分,打开防尘盖,板端连接器还有相对颜色的色环,起到二次防护的作用。

2. 螺栓压接式连接器

1)直角连接器

(1)功能。

直角连接器是面板插座和低压柔性电缆之间的连接设备,其两端的连接均为螺栓压接式。安装时,应先与低压柔性电缆进行螺旋固定,然后用专用绝缘扳手与插座面板进行螺旋固定,安装的端部有防护罩,如图 1-52 所示。

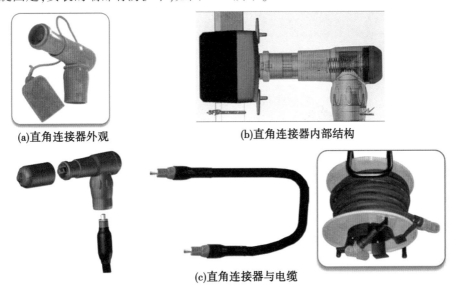

(a)直角连接器外观　　　　(b)直角连接器内部结构

(c)直角连接器与电缆

图 1-52　直角连接器

(2)结构特点。

直角连接器尾端连接螺栓有不同规格,可与相同规格螺栓的旁路电缆(几种不同截面面积)进行连接,以满足不同旁路负荷电流的需求。目前,螺栓为 M8、M12、M16 的直角连接器,可满足旁路电缆 200~630 A 载流要求。

2）面板插座

（1）功能。

面板插座作为作业车辆、配电装置的快速连接器，可与旁路电缆快速连接；还是作业车辆、配电装置内部电气连接的组成部分。

（2）结构特点。

面板插座连接和安装方式均为固定式，面板插座连接器的防尘盖能起到二次防护的作用，如图1-53所示。

图1-53　面板插座

3）旁路电缆连接器

旁路电缆对接器主要用于低压柔性电缆的对接使用，与直角连接器配合使用，较小电流可实现一路电缆对接，较大电流可实现二路电缆同时对接，为低压柔性电缆的灵活配置提供方便，如图1-54所示。

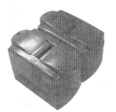

(a)2个插座　　　　　(b)4个插座

图1-54　直角连接器

（二）母排汇流夹钳

母排汇流夹钳按使用情况又可以分为插拔式母排汇流夹钳、螺栓压接式母排汇流夹钳和小电流母排汇流夹钳，其主要用于低压配电设备上运行的母排与低压柔性电缆间连接，以及与螺栓压接式直角连接器配合使用。

1.插拔式母排汇流夹钳

1）功能

插拔式母排汇流夹钳主要作为配电柜（箱）等设备上运行母排与低压柔性电缆间的连接器，实现发电车线缆与配电柜母排的快速连接，安全、快捷，并可带电操作，其安装图如图 1-55 所示。

图 1-55　插拔式母排汇流夹钳

2）结构特点

插拔式母排汇流夹钳能与等级 5、等级 6 插拔式连接器的柔性电缆连接,在母排上用专用工具旋转夹紧固定。汇流夹钳的短路电流为 1.75 kA。额定峰值耐受电流为 22 kA,绝缘等级 8 kA,其安装图如图 1-56 所示。

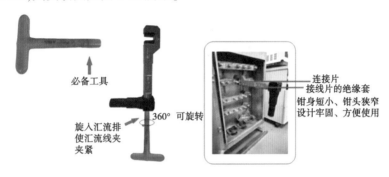

图 1-56　插拔式母排汇流夹钳安装图

2. 螺栓压接式母排汇流夹钳

1）功能

此种母排汇流夹钳主要是与螺栓压接式直角连接器相配合使用,可用手握部分操作螺栓紧固在低压母排上,而后用套筒扳手将直角连接器固定在母排汇流夹钳的尾端,如图 1-57 所示。

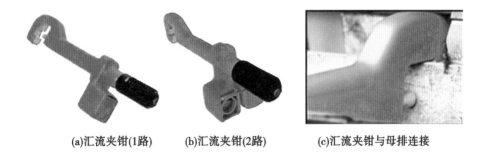

(a)汇流夹钳(1路)　　　(b)汇流夹钳(2路)　　　(c)汇流夹钳与母排连接

图 1-57　螺栓压接式母排汇流夹钳

2）结构特点

此种母排汇流夹钳有 1 路和 2 路旁路电缆出线，目前 1 路旁路电缆出线的汇流夹钳最大额定电流为 400 A，2 路的为 800 A。

3. 小电流母排汇流夹钳

1）功能

此种母排汇流夹钳无须经连接器中间过桥连接，在与旁路电缆连接后，可直接安装在母排上。其外形如图 1-58 所示。

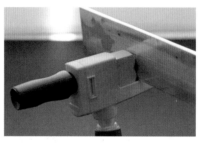

图 1-58　小电流母排汇流夹钳

2）结构特点

小电流母排汇流夹钳与旁路电缆的连接螺栓为 M8，母排汇流夹钳的最大额定电流为 200 A，主要适用于负荷电流 200 A 以下的旁路作业。

（三）低压配电设备

1. 移动电源车快速接入装置箱

1）功能

移动电源车快速接入装置箱作为固定安装的设备，与配电柜（箱）、用户之间有固定的连接，并配备有快速连接器，当用户因故失电后，发电车等临时供电装置可快速接入本电装置箱，实现短时间内恢复供电，如图 1-59 所示。

2）结构特点

移动电源车快速接入装置箱根据安装方式可分为落地式和挂墙式，发电车接入装置箱外壳防护等级为 IP56，外壳防撞等级为 IK10。对柜体表面进行酸洗去脂、烘干、纳米陶瓷涂层（带静电吸附原理），对封闭结构的内表面也要喷涂或进行防锈处理，柜体各个面及角落缝隙都能被底漆附着，能达到最佳的保护效果。

2. 移动式旁路配电箱

1）功能

移动式旁路配电箱适用于低压配电网的旁路作业和应急电源车的临时取电等工作。

(a)嵌入式(户内)　　　　　(b)外置式(户内)

(c)外置式(户外)

图 1-59　移动电源车快速接入装置箱

在作业时,与旁路电缆、快速连接器、母排汇流夹钳等旁路设备配合使用。

2) 结构特点

目前,此类旁路配电箱最大的进线电流为 800 A(两组串联,每组 400 A),旁路配电箱可根据作业需求配置多路出线,如图 1-60 所示。

(a)一进一出　　　　　(b)二进二出　　　　　(c)实际安装图

图 1-60　移动式旁路配电箱

3）实际应用

配电房通过移动式旁路配电箱给用户供电,线路连接如图 1-61 所示。

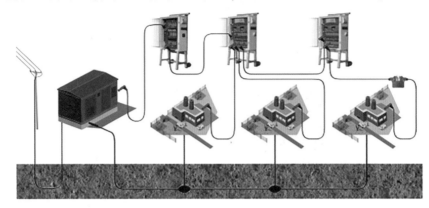

图 1-61　移动式旁路配电箱实际应用

3. 移动式旁路低压柜

移动式旁路低压柜可代替原低压柜进行旁路作业,向用户提供临时电源。移动式旁路低压柜主要适用于综合不停电作业法更换或检修低压配电柜。

移动式旁路低压柜根据功能分为进线柜、馈线柜、电容器柜,可根据负荷分配等情况进行现场搭配组合,如图 1-62 所示。多柜并联采用端子排螺栓连接,中间采用多条铜编织带并联。旁路低压柜的出线全部采用快速插拔式连接方式,采用移动方便的柔性电缆。临时低压柜出线末端全部安装快速端子连接器,现场实现用户低压电缆端子快速连接。图 1-63 所示为移动式旁路低压柜实际应用示例图。

图 1-62　移动式旁路低压柜

图 1-63　移动式旁路低压柜实际应用示例图

七、带电作业特种车辆

在低压配电线路带电作业中,随着国外带电作业设备的引进和国内带电作业技术的进步,带电作业工器具制造厂家逐步发展出将带电作业工器具与汽车相结合的复合型工具,比如绝缘斗臂车、低压带电作业车、带电作业工具车、移动箱变车等一系列带电作业特种车辆,初步实现了带电作业机械化,有效地降低了带电作业劳动强度,提升了安全作业水平,提高了作业效率。本部分将重点介绍绝缘斗臂车、旁路作业车、移动箱变车等。

（一）绝缘斗臂车

绝缘斗臂车是一种在交通方便且布线复杂的场合进行等电位作业的特种车辆,通过其绝缘臂、工作斗等能够实现带电作业必需的主绝缘,通常指能在 10 kV 及以下电力线路上进行带电高处作业的特种车辆。只采用工作斗绝缘的高空绝缘斗臂车一般不列入绝缘斗臂车范围。在实际工作中,由于线路杆塔位交通条件、配套底盘、使用效率、产品价格等多种因素的限制,输电线路带电作业极少使用绝缘斗臂车,绝缘斗臂车通常在 10 kV、35 kV 和 66 kV 的城区配电线路检修工作中使用,也可以用于 0.4 kV 低压带电作业中。

1. 绝缘斗臂车的基本结构和功能

绝缘斗臂车一般采用汽车发动机和底盘改装而成,车的后部安装动转盘和绝缘臂装置,绝缘臂采用折叠或伸缩结构,前端带方形或圆形绝缘工作斗。整个斗臂装置安装在一个转盘上,可以 360°旋转。为了增加车子的稳定性,从而最大限度地加大绝缘臂的长度,一般都装有液压支腿,其结构如图 1-64 所示。

1—绝缘工作斗;2—动转盘;3—液压支腿;4—绝缘臂;5—接地线

图 1-64 绝缘斗臂车结构

绝缘斗臂车的工作斗、绝缘臂、控制油路、斗臂结合部都能满足一定的绝缘性能指标,并带有接地装置。绝缘臂一般采用玻璃纤维增强型环氧树脂材料制成,绕制成圆柱形或矩形截面结构,具有质量轻、机械强度高、电气绝缘性能好、憎水性强等优点,在带电作业时为人体提供相对地之间的绝缘防护。绝缘工作斗有单层斗和双层斗,外层斗一般采用环氧玻璃钢制作,内层斗采用聚四氟乙烯材料制作。

2. 绝缘斗臂车的分类

(1)根据工作臂的结构形式,可将绝缘斗臂车分为折叠臂式、直伸臂式、多关节臂式、垂直升降式和混合式。最常见的是直伸臂式和折叠臂式,如图1-65所示。

1—直伸臂式绝缘斗臂车;2—折叠臂式绝缘斗臂车

图1-65　绝缘斗臂车

(2)根据升降高度,可将绝缘斗臂车分为6 m、8 m、10 m、12 m、16 m、20 m、25 m、30 m、35 m、40 m、50 m、60 m、70 m等。

(3)根据作业线路电压等级,可将绝缘斗臂车分为10 kV、35 kV、46 kV、63(66) kV、110 kV、220 kV、330 kV、345 kV、500 kV、765 kV等。我国的绝缘斗臂车通常在10 kV、35 kV和66 kV的线路上使用。

3. 绝缘斗臂车的技术要求

1)工作条件

(1)风速不超过10.8 m/s。

(2)环境温度为−25~40 ℃。

(3)相对湿度不超过90%。

(4)对海拔1 000 m及以上地区要求:选用的底盘动力应适应高原行驶和作业,海拔每增加100 m,绝缘体的绝缘水平应相应增加1%。

(5)地面坚实、平整,作业过程中支腿不下陷。

(6)转台平面处于水平状态。

(7)绝缘工作斗的电气绝缘性能必须满足相应要求。

(8)绝缘工作斗的表面应平整、光洁,无凹坑、麻面现象,憎水性强。

(9)绝缘工作斗的高度宜在0.9~1.2 m。

(10)绝缘工作斗在醒目位置上应注明工作斗的额定载荷量。

2）绝缘臂的要求

（1）绝缘臂的电气性能试验须按相应要求进行。

（2）绝缘臂的表面应平整、光洁,无凹坑、麻面现象,憎水性强。

（3）各电压等级绝缘斗臂车绝缘臂的最小绝缘长度,不宜小于相应规定要求。

3）整车的要求

（1）接地部分与工作斗之间仅绝缘臂绝缘的绝缘斗臂车,其整车电气绝缘性能应符合相应要求。

（2）具有上下操作功能及自动平衡功能的绝缘斗臂车,其整车电气绝缘性能还需要满足部分单独试验泄露电流小于 200 μA 的要求。

4）绝缘液压油的要求

用于承受带电作业线路相应电压的液压油,应进行击穿强度试验。

5）绝缘性能要求

应在说明书和铭牌上清楚标明绝缘斗臂车的额定电压,每台车出厂前应进行例行绝缘性能试验。

4.绝缘斗臂车使用方法

正确使用和操作绝缘斗臂车是保障作业人员的人身安全和车辆安全的基础。

1）发动机启动、取力器及支腿的操作

（1）挂好手刹车,垫好三角块。

（2）确认变速器杆处于正确位置。

（3）将离合器踏板踩到底,启动发动机。

（4）踩住离合器踏板,将取力器开关扳至"开"的位置。

（5）缓慢地松开离合器踏板。

（6）操作油门控制住速度。

（7）水平支腿操作。在转换杆中,选出欲操作的水平支腿的转换杆,切换至"水平"位置;"伸缩"操作杆扳至"伸出"位置时,水平支腿就会伸出,如图 1-66 所示。

图 1-66　绝缘斗臂车支腿操作杆

（8）垂直支腿操作。操作时应正确使用垂直支腿，防止支腿跑出或使垂直支腿收缩，致使车辆损坏。绝缘斗臂车工作时支腿如图1-67所示。

图1-67　绝缘斗臂车工作时支腿

（9）收回时要将各支腿收回到原始状态。请按照"垂直支腿—水平支腿"的顺序，按第（8）项和第（9）项相反的顺序进行收回操作。收回后，各操作杆要返回到中间位置。

2）安装接地线

回出线盘上的接地线，将绝缘斗臂车的接地线与杆塔接地引线可靠连接。

绝缘斗臂车安装接地线如图1-68所示。

3）上部操作（工作斗操作）

（1）工作臂的操作。

①下臂操作（臂的升降操作），工作斗内操作盘如图1-69所示。

图1-68　绝缘斗臂车安装接地线示例图　　　图1-69　工作斗内操作盘示例图

②回转操作。

③上臂操作（伸缩操作）。

（2）工作斗摆动操作。将工作斗摆动操作杆按标牌箭头方向扳，使工作斗向右摆动或向左摆动。

（3）紧急停止操作。接通紧急停止操作杆时，上部的动作均停止，发动机不会停止。在下述情况时可参考操作：

①工作斗上的作业人员为避免危险情况需停止工作臂的动作。

②操作控制出现失控的情况。

(4)小吊臂操作,如图 1-70 和图 1-71 所示,有的绝缘斗臂车设有工作斗小吊臂,其操作请参考相关使用手册。

图 1-70　小吊臂操作示例图

图 1-71　小吊臂装置操作杆

(5)辅助装置的操作。将进油、回油及泄油接头与液压工具的相应接头可靠连接,把辅助操作杆转换到"工具"位置。

4)下部操作(转台处操作盘的操作)

(1)工作臂的操作。在工作臂收回到托架上的状态下,不可进行工作臂的回转操作。转台处工作臂操作盘如图 1-72 所示。

(2)紧急停止操作。使用紧急停止操作杆进行紧急停止操作。接通紧急停止操作杆时,上部及下部操作的全部动作均停止。

5)应急泵的操作

应急泵开关如图 1-73 所示。

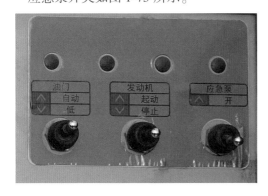

图 1-72　转台处工作臂操作盘

图 1-73　转台处油门、发动机、应急泵操作按钮

5.绝缘斗臂车的保养、维护及检查

1)绝缘斗臂车的保养

在运输期间,工作斗必须回复到行驶位置。对于带吊臂的绝缘斗臂车,吊臂应卸掉或完全缩回,上、下臂均应回复到各自独立的支撑架上,且必须固定牢靠,以防止在运输过程中由于晃动受到撞击而损坏。

绝缘斗臂车在行进过程中,两臂的液压操作系统必须切断,以防止工作斗的液压平衡装置来回摆动。

绝缘斗臂车暴露在露天环境时,雨水、路面灰尘、腐蚀和其他大气污染将会影响绝缘斗、臂的绝缘特性,降低其绝缘耐受水平,长时间的紫外线照射也会影响其绝缘性能。因此,在运输过程中应采用防潮保护罩进行防护。

2)绝缘斗臂车的维护

(1)一般要求:必须建立一套绝缘斗臂车定期检查程序,包括详尽的外观检查和绝缘强度试验。

(2)清洁:如绝缘部件表面沾染了较小的污垢,可以用不起毛的布擦拭干净。如果绝缘部件异常脏污,可采用高压热水冲洗(水温不超过 50 ℃,压力不超过 690 kPa)。

(3)涂硅:应先清洗绝缘表面,待其干燥后再涂硅。

3)检查

绝缘斗臂车检查分为外观检查和功能检查。

绝缘部件的外观检查须在其外表面清洗后进行,上下臂、工作斗、吊臂等必须使用不起毛的布擦拭,如果需要,可以采用洁净布蘸少许异丙醇或其他合适的溶剂轻轻擦拭。外观检查主要针对结构损坏。结构损坏包含由于撞击而产生的绝缘破裂,玻璃纤维裸露、破洞以及沟痕,还有与树枝、电线杆等尖锐物体相撞击而产生的开裂痕迹,由于超载而引起的上下臂连接处或靠近钢制连接件部分出现的裂缝、隆起等。

A.开始工作前的检查

检查的目的是剔除绝缘斗臂车前期工作和库存期间可能遗留的缺陷和故障。主要由作业人员进行外观检查,同时辅以功能检查,重点倾听各部件是否有异常的噪声。

检查并确认绝缘斗臂车的绝缘部件的绝缘试验是否在有效期内。

(1)整车检查。

外观检查和功能检查必须在正式开始工作前完成,并将检查结果以图表的形式记录下来。

外观检查:检查绝缘部件表面的损伤情况,如裂缝、绝缘剥落、深度划痕等。

功能检查:启动绝缘斗臂车后,在工作斗无人的情况下,采用下部控制系统操作绝缘臂伸缩、旋转及工作斗升降循环,检查是否有液体渗出,液压缸有无渗漏、异常噪声、工作失灵、漏油、不稳定运动或其他故障。

为了保证安全,应检查备用电源和紧急制动系统的灵活性及可靠性,还应检验可视装置和音响报警装置。

对于用于超高压及以上电压等级的绝缘斗臂车,其用于等电位作业部分必须检查均压环,确认等电位点,并进行泄漏电流试验。

(2)工作斗检查。

检查工作斗的底板是否有脏污或其他可能会损坏工作斗的物体,或在等电位作业的情况下,会妨碍底板与导电鞋良好接触的物体。

检查工作斗的机械损伤,是否存在孔洞、裂缝或剥层等,并用蘸有适当溶剂的不起毛的软布将工作斗擦拭干净,将斗内材料碎片和剥落物清除干净。

B.每周检查

绝缘斗臂车应每周检查一次。

(1)整车检查:包括外观检查和功能检查。

(2)工作斗检查:内斗必须从外斗中取出,将污秽物清除干净。若存在损伤或剥落,必须查明是由机械损伤还是化学因素引起的。任何机械损伤都会减少内斗的壁厚,如小于制造厂商推荐的壁厚最低值,在重新使用前,内外斗必须做电气试验。

(3)定期检查:定期检查的周期可根据生产厂商的建议和其他影响因素,如运行状况、保养程度、环境状况来确定。一般正常定期检查的最大周期为 12 个月。

6.绝缘斗臂车预防性试验

绝缘斗臂车预防性试验项目包括绝缘工作斗工频耐压试验、绝缘工作斗泄露电流试验、绝缘臂工频耐压试验、绝缘臂泄露电流试验、整车的工频耐压试验、整车的泄露电流试验、绝缘液压油击穿强度试验等,试验周期为半年。

(二)旁路作业车

采用旁路作业设备实施配网不停电作业的方法,在国内外配电线路中得到广泛应用,并在提高供电可靠性方面取得了良好的效果。一套旁路作业设备拥有数量众多的旁路电缆、开关、滑轮、连接金具等,以往实施旁路作业由于所有部件不能实现定制管理,在运输途中容易磕碰导致部分设备损坏,另外因受道路交通限制,极大限制了旁路作业设备在应急抢修和配电线路不停电作业工作中的应用。旁路作业车的研制成功和推广应用,很好地解决了旁路作业设备作业现场的很多操作困难,加上低压旁路作业负荷开关配合,大大缩短了旁路作业设备应用过程中的准备工作时间,为大力开展低压配电线路不停电作业提供有利条件。图 1-74 是旁路作业车示例图。

图 1-74　旁路作业车示例图

1. 旁路作业车的基本结构

　　旁路作业车主要由车辆平台、电缆收放装置、部件收纳箱、驾驶室等组成,如图 1-75 所示。车辆平台包括车辆底盘、厢体(车厢)结构等,其是旁路作业车的运输载体。电缆收放装置主要由环形轨道、三联电缆卷盘、卷盘驱动机构、起吊装置等组成。部件收纳箱用于定置存放(除旁路柔性电缆外的)旁路负荷开关、转接电缆、电缆连接器等旁路作业设备部件。旁路作业车应采用分舱设计,有独立的驾驶室、部件收纳箱、电缆收放装置等。

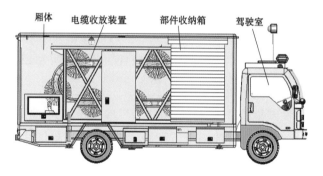

图 1-75　带电作业旁路作业车整体结构图

2. 旁路作业车的主要技术要求

1)工作条件

旁路作业车在下列环境条件下应能正常工作:

(1)海拔:不超过 1 000 m。

(2)环境温度:−40~40 ℃。

(3)相对湿度:不大于 95%(25 ℃时)。

在特殊使用条件下,应按照使用要求进行设计。

2)功能要求

(1)定置装载旁路柔性电缆。整车为厢式工程车,在车厢内配置电缆收放装置,电缆收放装置主要由环形轨道、三联电缆卷盘、卷盘驱动机构、起吊装置等组成。电缆收放装置应定置装载不少于 18 盘旁路柔性电缆,如图 1-76 所示。

(2)部件收纳箱。用于定置存放旁路负荷开关、转接电缆、电缆连接器等全部旁路作业设备部件。分类置放各种旁路作业部件,并设计专用工装卡具可靠固定,存放小型部件的压型模应有数量标识,实现各部件的定置管理,防止工具在运输中互相磕碰和颠簸。

(3)手动收放旁路柔性电缆的功能。三联电缆卷盘横向并列安装在环形轨道内,通过

图 1-76　电缆收放装置

电动或液压机构驱动每组卷盘,可按顺序逐个移动到车厢尾部指定收放旁路柔性电缆位置,每组卷盘在行驶状态下应自动锁紧,防止其窜动。一组卷盘装置在收放旁路柔性电缆位置,应根据工作需要,具有分别进行连续、点动、三相同时动及单相收放功能。电缆卷盘应有定位锁紧功能,防止在车辆行驶过程中电缆卷盘移动和自转。电缆收放操作应通过配置的有线遥控操作装置实现,控制线缆长度不小于 3 m。机构设计时应有足够的检修空间,以便于维护。

(4)现场快速拆分电缆卷盘的功能。配置的随车起吊装置可将电缆卷盘吊放到车厢外,一组电缆卷盘可快速拆分为 3 个单体卷盘,以便于运送和卷盘的检修,起重臂额定起重量不得小于 500 kg。

(5)夜间作业现场照明功能。驾驶室外顶部安装车载升降式照明装置,配备全方位转向云台,用于夜间作业现场照明。照明电源宜采用车辆底盘蓄电池直流 24 V 电源,照明灯具宜采用 LED 灯等节能灯具,照度满足现场工作要求。

(6)车辆存放支撑功能。车厢底部应配置 4 处液压垂直伸缩支腿,支腿伸出后应使轮胎不承载,并能承受整车和货载总质量,液压伸缩支腿的控制系统应安装在便于操作的位置。

(7)扩展功能。随着技术的进步和成熟,可增加新的功能。

(8)改装。旁路作业车采用已定型汽车整车进行改装。

3)辅助系统

(1)电气系统。电路系统应设电源总开关,布置在操作人员便于操作使用的位置。

(2)照明系统。旁路作业车的照明包括车辆本体照明、工作照明和应急照明。

（三）移动箱变车

移动箱变车也称负荷转移车，是装有一台箱式变电站的移动电源，箱变的高低压侧分别安装一组高压负荷开关和低压空气开关。通过负荷转移实现对杆上配电变压器的不停电检修，也可以从高压线路临时取电给低压用户供电。

1. 移动箱变车的分类、结构和功能

1）带电作业移动箱变车的分类

（1）按汽车产品分类：移动箱变车按照《汽车和挂车类型的术语和定义》（GB/T 3730.1—2001）进行分类，属于特种专用作业车；按照《专用汽车和专用挂车术语、代号和编制方法》（GB/T 17350—2009）进行分类，属于箱式汽车。

（2）按配置设备分类：基本型和扩展型。

①基本型：开展较简单的配电线路及电缆临时供电作业项目。

②扩展型：开展较复杂的配电线路及电缆临时供电作业项目。

图1-77为移动箱变车示例图。

图1-77　移动箱变车示例图

2）带电作业移动箱变车的基本结构

移动箱变车主要由车辆平台、车载设备、辅助系统等组成。

（1）车辆平台：包括车辆底盘、厢体（车厢）结构等，是移动箱变车的运输载体。

（2）车载设备：主要包括变压器、旁路负荷开关、旁路柔性电缆、低压配电屏等。

（3）辅助系统：主要包括电气、照明、接地、液压、安全保护等系统。

带电作业移动箱变车内部结构如图1-78所示。

移动箱变车旁路作业工作示意图如图1-79所示。

3）带电作业移动箱变车的基本功能

移动箱变车应具备输送、转换电能的不间断供电能力。

移动箱变车应具备的主要功能见表1-15。随着技术的进步和成熟，可增加新的

●高压电缆卷盘及高压快速插头 ●高压环网柜 ●车厢后视图 ●变压器安装方式及其防护

图 1-78 带电作业移动箱变车内部结构示例图

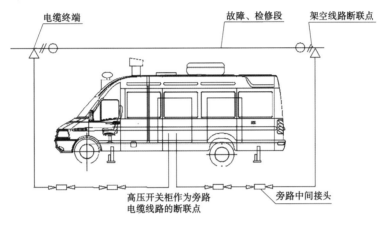

图 1-79 移动箱变车旁路作业工作示意图

功能。

表 1-15 移动箱变车的主要功能

设备名称	序号	功能/项目	基本型	扩展型
旁路柔性电缆卷盘	1	手动卷缆	●	●
	2	机械或液压卷缆	○	○
低压电缆卷盘	1	手动卷缆	○	●
	2	机械或液压卷缆	○	●
相位检测	1	高压侧相位检测	●	●
	2	低压侧相位检测	●	●
	3	自动相位检测	○	○
低压翻相	1	手动翻相	●	●
	2	自动翻相	○	○

续表 1-15

设备名称	序号	功能/项目	基本型	扩展型
高低压侧出线	1	高压侧出线快速接口	○	●
	2	低压侧出线快速接口	○	○
旁路负荷开关及环网柜	1	旁路负荷开关应具备可靠的安全锁定机构	●	●
	2	配备至少一进二出的环网柜	○	○
高低压保护	1	高压保护	○	●
	2	低压保护开关额定值大于变压器容量的2/3	○	●
辅助设备	1	液压垂直伸缩液压支撑	●	●
	2	应急照明	○	○

注:●表示应具备的功能;○表示可具备的功能。

2. 移动箱变车技术及功能要求

1)主要技术要求

移动箱变车在下列环境条件下应能正常工作:

(1)海拔:不超过1 000 m;

(2)环境温度:-40~40 ℃;

(3)相对湿度:不大于95%(25 ℃时)。

在特殊条件下使用时,应按照使用要求进行设计。

2)功能要求

(1)整体要求

①运输:移动箱变车应具有良好的机动性、抗震动、抗冲击、防尘等性能,满足可靠运输车载设备要求。

②改装:移动箱变车应采用已定型汽车整车进行改装。移动箱变车的改装应符合GB/T 1332、GB/T 13043、GB/T 13044、QC/T 252等汽车改装技术标准的要求。

③生产:移动箱变车的生产除应符合相关标准的规定外,还需遵守国家颁布的有关法律规定。

(2)车载设备

①一般要求

a.维护检验:车载设备应按照相关管理规定或其说明书进行定期校准、维护或检验。

b.性能和参数:车载设备的性能和参数除应满足要求外,还应符合相关技术标准或规程的规定。

c.接线方式:高压侧接线为一组进线与两组出线,一组出线用于连接变压器,另一组出线可用于转供负荷。低压侧出线为两组负荷(一主一备)输出。

　　d.抗震性:车载设备元件或部件应安装牢固,有良好的抗震性。车载设备的抗震性能应符合 GB 4798.5 的有关规定。

　　②配电变压器:应符合 GB 50150 的规定,容量可采用 250~630 kVA 等规格的三相油浸直冷线圈无励磁调压配电变压器或干式变压器。

　　③旁路负荷开关:应符合 Q/GDW 249 的规定,全绝缘、全密封,并能与环网柜、分支箱互连,具备良好的操作性能(机械寿命≥3 000 次循环)和灭弧性,具备可靠的安全锁定机构。

　　④旁路柔性电缆:应符合 Q/GDW 249 的规定,可弯曲,能重复使用。

　　⑤旁路连接器:包括进线接头装置、终端接头、中间接头、T 型接头,应符合 Q/GDW 249 的规定。连接接头要求结构紧凑、对接方便,并有牢固、可靠的防止自动脱落锁口,在对接状态能方便改变分离状态。

　　⑥旁路电缆连接附件:包括可触摸式终端肘型电缆插头、可分离式电缆接头、辅助电缆、引下电缆等,应符合 Q/GDW249 的规定。型号与柔性电缆、带电作业消弧开关、箱式变压器、环网柜、分支箱和高、低压进线柜匹配。

　　⑦低压配电屏:应符合 GB 7251.1 的规定,将低压电路所需的开关设备、测量仪表、保护装置和辅助设备等,按一定的接线方式布置安装在金属柜内。

　　⑧低压柔性电缆:应符合 GB 7594 的规定,可弯曲,能重复使用。

　　⑨环网柜:应符合 GB 11022 的规定,应分为负荷开关室(断路器)、母线室、电缆室和控制仪表室等金属封闭的独立隔离室,其中负荷开关室(断路器)、母线室、电缆室均有独立的泄压通道。

　　⑩配置要求:包括基本型移动箱变车的典型设备配置和扩展型移动箱变车典型设备配置,按国家有关规范标准执行。

　　3)辅助系统

　　①电路及控制:电路系统应设电源总开关,并布置在操作人员便于操作使用的位置。

　　②照明系统:移动箱变车的照明包括车辆本体照明、工作照明和应急照明。

　　③接地系统:移动箱变车应有专用的集中接地点,并具有明显的接地标志。接地电阻均应大于 4 Ω,保护接地和工作接地要相距 5 m 及以上。

　　接地线应有足够的截面和长度,主接地回路接地线的截面应满足热容量和导线电压降的要求。

　　④液压系统:为移动箱变车在车库停放时或在机组工作时保护轮胎及车桥提供支撑,四支液压支腿带有锁定装置,每腿均能独立操作。

　　⑤安全保护、警示、防护:

a.安全保护:移动箱变车的液压、机械、电动等运动部件,对承重、传动等安全有明显影响时,应有限位闭锁保护装置,闭锁装置应动作灵活、可靠。

可人工移动的可动部件,对运输、固定等有明显安全影响时,应有限位锁紧装置。锁紧装置应方便工人操作,动作灵活、限位可靠。

b.警示:移动箱变车应有声光报警装置,并可由车上操作人员进行控制。设备区可根据带电检测需要安装烟雾、有毒气体等报警器。

c.防护:移动箱变车宜配备常用的安全工器具、防护用具。驾驶室、设备区等不同功能区域应配备消防器材,消防器材应安装牢固、存取方便。

3.移动箱变车的试验和存放

(1)移动箱变车试验。

带电作业专用车试验包括型式试验、出厂试验和验收试验。

型式试验和出厂试验由厂家进行。

验收试验由用户与厂家共同完成。包括外观检查、行驶试验、整车绝缘性能试验、电缆盘收放试验、车载设备试验等项目。

(2)移动箱变车的存放。

移动箱变车属于带电作业特种车辆,在存放时应满足下列要求:

①带电作业专用车宜存放在车库内,减少太阳直接暴晒或雨淋,远离高温热源。

②长期停驶车辆时,应关闭电源总开关,切断全车的电路系统。

③需要开启车辆前,应打开电源总开关,恢复全车的电路系统。

(四)低压带电作业车

目前,低压带电作业在进行低压架空线路作业时除采用传统 10 kV 线路绝缘斗臂车外,还采用一种青岛索尔低压带电作业车,如图 1-80 所示,现对该车作一简单介绍。

1.结构特点

采用优良的皮卡底盘、先进的混合臂结构,使用绝缘工作斗,使用直流动力源作为驱动力。

该车选用江淮皮卡底盘,选配韩国东海原装进口上装。运行方便灵活,可以在狭窄的城区及乡村道路进行施工作业。主要用于 380 V 配电线路的日常带点维护和应急抢修。同时可用于市政、园林、邮电、移动通信等一般高空作业场合。

该车用于低压带电作业操作,如图 1-81 所示。

图 1-80　青岛索尔低压带电作业车

图 1-81　低压带电作业车工作图

2. 技术参数

青岛索尔低压带电作业车技术参数如表 1-16 所示。

表 1-16　青岛索尔低压带电作业车技术参数

技术参数	说明
上装品牌	韩国东海
上装型号	DHSS120AP
背架结构	混合式
最大工作高度	12 m
最大作业半径	5 m
回转角度	330°非连续回转
外斗沿面测试电压	50 kV/40 mm
内斗层间工频耐压	50 kV/3 min
绝缘等级	380 V
工作斗额定载荷(单人斗)	100 kg
支腿形式	前 A 后 H 型
选用底盘	HFC1037DEV(皮卡)
发电机功率	108 kW

续表 1-16

技术参数	说明
整车型号	QJM5031JGK
整车外形	5 680 mm×1 955 mm×2 350 mm
技术特征	水平传感器、过载传感器、紧急停止装置、角度干涉传感器、支撑腿传感器、干涉防止传感器、互锁装置、手动辅助应急系统等
选装	可以根据用户要求制作两侧工具箱

第 二 章

0.4 kV低压配电柜(房)及低压用户作业基本技能培训及考核标准

第一节 0.4 kV 低压配电柜(房)带电消缺

一、培训标准

(一)培训要求

培训要求见表 2-1。

表 2-1 培训要求

模块名称	0.4 kV 低压配电柜(房)带电消缺	培训类别	操作类
培训方式	实操培训	培训学时	7 学时
培训目标	1. 熟悉在 0.4 kV 低压配电柜(房)进行带电处理简单缺陷的操作流程。 2. 能准确判断带电作业的作业条件。 3. 能完成在 0.4 kV 低压配电柜(房)进行绝缘遮蔽并完成异物清理、螺栓紧固、孔洞封堵的操作		
培训场地	0.4 kV 低压带电作业实训线路		
培训内容	判断 0.4 kV 配网不停电作业的作业条件，在 0.4 kV 低压配电柜(房)进行绝缘遮蔽，并完成异物清理、螺栓紧固、孔洞封堵的操作		
适用范围	0.4 kV 绝缘手套作业法进行低压配电柜(房)带电消缺工作		

(二)引用规程规范

GB/T 18857—2019 《配电线路带电作业技术导则》

GB/T 18269—2008 《交流 1 kV、直流 1.5 kV 及以下电压等级带电作业用绝缘手工工具》

Q/GDW 10520—2016 《10 kV 配网不停电作业规范》

Q/GDW 745—2012 《配电网设备缺陷分类标准》

Q/GDW 11261—2014 《配电网检修规程》

国家电网安质〔2014〕265 号 《国家电网公司电力安全工作规程(配电部分)(试行)》

GB/T 14268—2008 《带电作业工具设备术语》

(三)培训教学设计

本设计以完成"0.4 kV 低压配电柜(房)带电消缺"为工作任务,按工作任务的标准化作业流程来设计各个培训阶段,每个阶段包括了具体的培训目标、培训内容、培训学时、培训方法与资源、培训环境和考核评价等内容,如表 2-2 所示。

表2-2 0.4 kV低压配电柜(房)带电消缺培训内容设计

序号	培训流程	培训目标	培训内容	培训学时	培训方法与资源	培训环境	考核评价
1	理论教学	1. 熟悉0.4 kV配网不停电作业的作业条件; 2. 熟悉0.4 kV低压配电柜(房)带电消缺检查方法及材料检查方法; 3. 0.4 kV低压配电柜(房)带电消缺基本方法	1. 0.4 kV配网不停电作业温度、湿度、风速等天气要求; 2. 本项目所涉及的个人防护用具,绝缘操作用具,个人绝缘遮蔽用具,工具和材料检查方法; 3. 在0.4 kV低压配电柜(房)带电消缺操作流程	2	培训方法:讲授法。 培训资源:PPT、相关规程规范	多媒体教室	考勤、课堂提问和作业
2	准备工作	能完成作业前准备工作	1. 作业现场查勘; 2. 编制培训标准化作业卡; 3. 填写培训带电作业工作票; 4. 完成本操作的工器具及材料准备	1	培训方法: 1. 现场查勘和工器具及材料清理采用现场实操方法; 2. 编写工作卡和填写工作票采用讲授方法。 培训资源: 1. 0.4 kV实训低压配电柜(房); 2. 0.4 kV带电作业工器具库房; 3. 空白工作票	1. 0.4 kV实训低压配电柜(房); 2. 多媒体教室	

续表 2-2

序号	培训流程	培训目标	培训内容	培训学时	培训方法与资源	培训环境	考核评价
3	作业现场准备	能完成作业现场准备工作	1. 作业现场复勘; 2. 工作申请; 3. 作业现场布置; 4. 班前会; 5. 工器具及材料检查	1	培训方法：演示与角色扮演法。 资源:1. 0.4 kV 带电作业实训低压配电箱(房); 2. 工器具及材料	0.4 kV 带电作业实训低压配电箱(房)	
4	培训师演示	通过现场演示配电柜(房)异物处理、螺栓紧固及孔洞封堵作业过程,学员观摩并初步领会本任务操作要领和操作流程	1. 作业人员穿戴好全套绝缘服及防电弧装备,并由工作负责人做好检查; 2. 对配电柜(房)设置好绝缘垫; 3. 对配电柜(房)外壳进行验电,确保外壳无电后,从侧面打开柜门; 4. 在低压配电柜(房)内适当位置,按照由近到远的顺序设置绝缘隔离板; 5. 完成配电柜(房)异物清理、松动螺栓的紧固或孔洞封堵操作; 6. 检查确认检修符合要求; 7. 按相反的顺序拆除绝缘隔离板; 8. 确认无遗留物后,关闭柜门	1	培训方法：演示法。 资源:0.4 kV 带电作业实训低压配电柜(房)	0.4 kV 带电作业实训低压配电柜(房)	

续表 2-2

序号	培训流程	培训目标	培训内容	培训学时	培训方法与资源	培训环境	考核评价
5	学员分组训练	1. 能完成作业前的工器具检查及绝缘防弧服穿戴； 2. 能在实训设备上完成对配电柜（房）进行异物处理、螺栓紧固及孔洞封堵操作	1. 学员分组（10人一组）训练 0.4 kV配电柜（房）带电进行异物处理、螺栓紧固及孔洞封堵工作的技能操作； 2. 培训师对学员操作进行指导和安全监护	5	培训方法：角色扮演法。 资源：1.0.4 kV 带电作业实训低压配电柜（房）； 2. 工器具和材料	0.4 kV 带电作业实训低压配电柜（房）	采用技能考核评分细则对学员操作评分
6	工作终结	1. 使学员进一步辨析操作过程不足之处，便于后期提升。 2. 培训学员安全文明生产的工作作风	1. 作业现场清理； 2. 向工作许可人汇报终结工作； 3. 班后会，对本次工作任务进行点评总结	1	培训方法：讲授和归纳法	作业现场	

(四)作业流程

1. 工作任务

在 0.4 kV 配电柜(房)实训设备上带电完成异物处理、螺栓紧固及孔洞封堵的消缺工作。

2. 天气及作业现场要求

(1)应在良好的天气进行。如遇雷电(听见雷声、看见闪电)、雪、雹、雨、雾等,禁止进行带电作业。风力大于 5 级,或空气相对湿度大于 80% 时,不宜进行带电作业;恶劣天气下必须开展带电抢修时,应组织有关人员充分讨论并编制必要的安全措施,经本单位批准后方可进行。

(2)作业人员精神状态良好,无妨碍作业的生理和心理障碍。熟悉工作中保证安全的组织措施和技术措施;应持有在有效期内的低压带电作业资质证书。

(3)工作负责人应事先组织相关人员完成现场勘查,根据勘查结果做出能否进行不停电作业的判断,并确定作业方法及应采取的安全技术措施,确定本次作业方法和所需工器具,并办理带电作业工作票。

(4)作业现场应合理设置围栏,并妥当布置警示标示牌,禁止非工作人员入内。

3. 准备工作

1)危险点及其预控措施

(1)危险点——触电伤害。

预控措施:

①在工作中,工作负责人应履行监护职责,不得兼做其他工作,要选择便于监护的位置,监护的范围不得超过一个作业点。

②正确穿戴绝缘防护用品,在低压配电柜(房)旁边设置绝缘垫,所使用的绝缘工器具使用前应进行外观检查及绝缘性能检测,防止设备损坏或有缺陷未及时发现而造成人身、设备事故。

③作业前须对低压配电柜(房)外壳进行验电,确保外壳无电后,从侧面缓慢打开柜门。

④在带电作业过程中,如设备突然停电,作业人员应视设备仍然带电。在作业过程中绝缘工具金属部分应与接地体保持足够的安全距离。

⑤在低压配电柜(房)进行配网不停电作业时,作业人员应穿戴防电弧能力不小于 $113.02 \text{ J/cm}^2(27.0 \text{ cal/cm}^2)$ 的防电弧服装,戴相应防护等级的防电弧头罩(或面屏)和防电弧手套、鞋罩;在配电柜附近的工作负责人(监护人)及其他配合人员应戴防电弧能力不小于 $28.46 \text{ J/cm}^2(6.8 \text{ cal/cm}^2)$ 的防电弧服装,戴相应防护等级的防电弧手套,佩戴

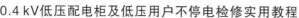

护目镜或防电弧面屏。

（2）危险点——现场管理混乱造成人身或设备事故。

预控措施：

①在工作中，工作负责人应履行监护职责，不得兼做其他工作，监护的范围不得超过一个作业点。

②每项工作开始前、结束后，每组工作完成后小组负责人应向现场总工作负责人汇报。

③作业现场设置围栏并挂好警示标示牌。监护人员应随时注意，禁止非工作人员及车辆进入作业区域。

2）工器具及材料选择

0.4 kV低压配电柜（房）带电消缺所需工器具及材料见表2-3。在工器具出库前，应认真核对工器具的使用电压等级和试验周期，并检查确认外观良好、连接牢固、转动灵活，且符合本次工作任务的要求；在工器具出库后，应存放在工具袋或工具箱内进行运输，防止脏污、受潮；金属工具和绝缘工器具应分开装运，防止因混装运输导致工器具变形、损伤等现象发生。

表2-3　0.4 kV低压配电柜（房）带电消缺所需工器具及材料表

序号	工器具名称		规格、型号	单位	数量	备注
1	个人防护用具	绝缘手套	0.4 kV	副	2	
2		安全帽		顶	3	
3		绝缘鞋		双	3	
4		双控背带式安全带		副	2	（如需要）
5		个人电弧防护用品		套	1	室外作业防电弧能力不小于$6.8\,cal/cm^2$；配电柜等封闭空间作业不小于$27\,cal/cm^2$
6	绝缘遮蔽用具	绝缘毯	0.4 kV	块	若干	
7		毯夹	0.4 kV	只	若干	
8		绝缘隔板	0.4 kV	块	若干	
9	绝缘个人工器具	绝缘垫	0.4 kV		若干	
10		绝缘登高工具				根据现场实际需要配置
11		个人绝缘手工工具		套	1	
12		绝缘套筒扳手		套	1	
13	仪器仪表	万用表		块	1	
14		温湿度仪		块	1	根据现场实际需要配置
15		验电器	0.4 kV	支	1	
16		绝缘电阻表	500 V	台	1	

续表2-3

序号	工器具名称		规格、型号	单位	数量	备注
17	辅助工具	防潮毡布		块	2	
18		绝缘绳				根据现场实际需要配置
19		围栏、安全警示牌等			若干	根据现场实际情况确定
20	材料	螺栓、封堵料			若干	

3)作业人员分工

0.4 kV低压配电柜(房)带电消缺作业人员分工如表2-4所示。

表2-4　0.4 kV低压配电柜(房)带电消缺作业人员分工

序号	工作岗位	数量/人	工作职责
1	工作负责人	1	负责本次工作任务的人员分工、工作票的宣读、工作许可手续的办理、工作班前会的召开、工作中突发情况的处理、工作质量的监督、工作后的总结
2	作业电工	1	负责完成低压配电柜(房)内异物处理、螺栓紧固及孔洞封堵的消缺工作
3	辅助人员	1	辅助作业电工完成工作任务

4.工作程序

0.4kV低压配电柜(房)带电消缺工作流程如表2-5所示。

表2-5　0.4 kV低压配电柜(房)带电消缺工作流程

序号	作业内容	作业步骤	作业标准	备注
1	现场复勘	工作负责人负责完成以下工作: (1)现场核对0.4 kV低压配电柜(房)名称及编号,确认箱体无漏电现象,现场是否满足作业条件。 (2)检测风速、湿度等现场气象条件是否符合带电作业要求。 (3)检查带电作业工作票所列安全措施与现场实际情况是否相符,必要时予以补充	(1)正确穿戴安全帽、工作服、工作鞋、劳保手套。 (2)0.4 kV配电柜(房)双重名称核对无误。 (3)不得在危及作业人员安全的气象条件下作业。 (4)严禁非工作人员、车辆进入作业现场	
2	工作许可	(1)工作负责人向设备运维管理单位联系,申请许可工作。 (2)经设备运维管理单位许可后,方可开始带电作业	(1)汇报内容为工作负责人姓名、工作的作业人员、工作任务和计划工作时间。 (2)未经设备运维管理单位许可,不得擅自开始工作	

续表 2-5

序号	作业内容	作业步骤	作业标准	备注
3	现场布置	正确装设安全围栏并悬挂标示牌： （1）安全围栏范围应充分考虑高处坠物，以及对道路交通的影响。 （2）安全围栏出入口设置合理。 （3）妥当布置"从此进出""在此工作"等标示。 （4）作业人员将工器具和材料放在清洁、干燥的防潮苫布上	（1）对道路交通安全影响不可控时，应及时联系交通管理部门强化现场交通安全管控。 （2）工器具应分类摆放。 （3）绝缘工器具不能与金属工具、材料混放	
4	召开班前会	（1）全体工作成员列队。 （2）工作负责人宣读工作票，明确工作任务及人员分工；讲解工作中的安全措施和技术措施；查（问）全体工作成员精神状态；告知工作中存在的危险点及采取的预控措施。 （3）全体工作成员在带电作业工作票上签字确认	（1）工作票填写、签发和许可手续规范，签字完整。 （2）全体工作成员精神状态良好。 （3）全体工作成员明确任务分工、安全措施和技术措施	
5	检查绝缘工器具及个人防护用品	（1）对绝缘工具、防护用具外观和试验合格证检查，并检测其绝缘性能。 （2）作业人员穿戴个人安全防护用品。 （3）对个人绝缘手工工具进行外观检查。 （4）检查确认低压配电柜（房）运行正常完好	（1）在金属、绝缘工具使用前，应仔细检查其是否损坏、变形、失灵。绝缘工具应使用 2 500 V 及以上绝缘电阻表进行分段绝缘检测，阻值应不低于 700 MΩ，并在试验周期内，用清洁干燥的毛巾将其擦拭干净。 （2）个人安全防护用品外观完好，试验合格证在有效期内；个人绝缘手工工具外观完好，绝缘层无破损，无金属部分外露。 （3）作业前确认低压配电柜（房）运行正常，满足要求	

续表 2-5

序号	作业内容	作业步骤	作业标准	备注
6	配电柜(房)异物处理、螺栓紧固及孔洞封堵作业过程	(1)作业人员穿戴好全套绝缘服及防电弧装备,并由工作负责人做好检查。 (2)在配电柜(房)设置好绝缘垫。 (3)对配电柜(房)外壳进行验电,确保外壳无电后,从侧面打开柜门。 (4)在低压配电柜(房)内适当位置,按照由近到远顺序设置绝缘隔离板。 (5)完成配电柜(房)异物清理、松动螺栓的紧固或孔洞封堵操作。 (6)检查确认检修符合要求。 (7)按相反的顺序拆除绝缘隔离板。 (8)确认无遗留物后,关闭柜门。 (9)清理现场	(1)工作负责人对作业人员穿戴情况进行检查,确保穿戴符合要求。 (2)在配电柜(房)外壳旁边适当位置设置好绝缘垫,以确保安全防护可靠。 (3)验电时正确戴好绝缘手套,并先对验电器进行自检和在其他电源上进行检查,确保验电器处于良好状态。 (4)打开柜门时,作业人员应在站柜门边,缓慢地打开柜门,防止电弧对作业人员造成伤害。 (5)在设置绝缘隔板时,工作负责人应加强安全监护,确保安全距离,防止各相间或相对地之间短路,并按照由近到远的顺序设置绝缘隔离板。 (6)在作业人员完成配电柜(房)异物清理、松动螺栓的紧固或孔洞封堵操作时,应使用全绝缘的个人工具进行操作。 (7)作业完成后,按照相反的顺序拆除绝缘隔板,检查检修质量符合要求,无遗留物后关闭柜门。 (8)现场无遗留物	
7	施工质量检查	工作负责人检查作业质量	全面检查作业质量,无遗漏的工具、材料等	
8	工作结束	(1)工作负责人检查工作现场,整理工器具。 (2)办理工作终结手续。 (3)召开班后会	(1)工作负责人全面检查工作完成情况。 (2)工作负责人向调度(工作许可人)汇报工作结束,终结工作票。 (3)工作负责人组织召开班后会,做工作总结的作业点评工作	

二、考核标准

国网四川省电力公司 0.4 kV 低压配网不停电作业技能考核评分细则见表 2-6。

表2-6 国网四川省电力公司0.4 kV低压配网不停电作业技能考核评分细则

考生填写栏	编号：		姓 名：	所在岗位：		单 位：		日 期：	年 月 日
考评员填写栏	成绩：		考评员：	考评组长：		开始时间：		结束时间：	操作时长：
考核模块	0.4 kV低压配电柜（房）带电消缺		考核对象	0.4 kV配网不停电作业人员		考核方式	操作	考核时限	45 min
任务描述	在0.4 kV低压配电柜进行绝缘遮蔽并完成异物清理、螺栓紧固、孔洞封堵的操作								
工作规范及要求	1. 带电作业应在良好天气下进行。如遇雷、雨、雪、雾天气，不得进行带电作业。风力大于5级、湿度大于80%时，一般不宜进行带电作业。 2. 本项作业需工作负责人1名、作业人员1人，辅助人员1人，通过绝缘手套配合绝缘个人手工工具对配电柜（房）进行带电消缺。 3. 工作负责人职责：负责本次工作任务的人员分工，工作票的宣读，工作许可手续的办理、线路停电重合闸的召开、工作班前会的召开，工作中突发情况的处理，工作质量的监督，工作后的总结。 4. 作业电工：负责完成低压配电柜（房）内异物处理、螺栓紧固及孔洞封堵的消缺工作。 5. 辅助人员：辅助作业电工完成工作任务。 6. 在带电作业中，如遇雷、雨、大风或其他任何情况威胁到工作人员的安全时，工作负责人或监护人可根据情况，临时停止工作。给定条件： 1. 培训基地：0.4 kV低压配电柜（房）。 2. 带电作业工作票已办理，安全措施已经完备，工作开始、工作终结时应口头提出申请（设备运维管理单位或考评员）。 3. 全绝缘个人手工工具和个人防护用具等。 4. 必须按工作程序进行操作，工序错误扣除应做项目分值，如出现重大人身，器材和操作安全隐患，考评员可下令终止操作（考核）								
考核情景准备	1. 设备：0.4 kV低压配电柜（房）。工作内容：通过绝缘手套配合绝缘个人手工工具对0.4 kV低压配电柜（房）带电消缺。 2. 所需作业工器具：个人防护用具、绝缘遮蔽用具、常见仪器仪表、绝缘个人手工器具、辅助工具等。 3. 作业现场做好安全监护工作，作业现场安全措施（围栏等）已全部落实，禁止非作业人员进入现场，工作人员进入作业现场必须戴安全帽。 4. 考生自备全套工作服、安全帽、安全帽、绝缘工器具、绝缘工作服、线手套								
备注	1. 各项目得分均扣至完成为止，如出现重大人身，器材和操作安全隐患，考评员可下令终止操作。 2. 设备，作业环境，安全帽、绝缘工器具等不符合作业条件时，考评员可下令终止操作								

续表 2-6

序号	项目名称	质量要求	分值	扣分标准	扣分原因	扣分	得分
1	规范着装	统一着装,着装整洁;精神饱满,列队整齐	2	1)未统一着装扣1分/人; 2)精神状态不佳扣1分/人; 3)队容松散扣1分			
2	现场复勘	1)现场核对0.4 kV低压配电柜(房)名称及编号,确认箱体有无漏电现象,现场条件是否满足作业条件。 2)检测风速、湿度等现场气象条件是否符合作业要求。 3)检查带电作业工作票填写是否完整、无涂改,检查所列安全措施与现场实际情况是否相符,必要时予以补充	5	1)未进行核对双重名称扣1分。 2)未核实现场工作条件(气象),缺一项部位扣1分。 3)工作票填写出现涂改,每项扣0.5分。工作票编号有误,扣1分。工作票填写不完整,扣1.5分			
3	工作许可	1)工作负责人向设备运维管理单位或考评员申请许可工作。 2)经设备运维管理单位或考评员许可后,方可开始带电作业工作	3	1)未联系设备运维管理单位(考评员)申请工作扣2分。 2)汇报专业用语不规范或不完整的各扣0.5分			
4	现场布置	正确装设安全围栏并悬挂标示牌: 1)安全围栏范围内应充分考虑高处坠物危险,以及对道路交通的影响。 2)安全围栏出入口设置合理;妥当布置"从此进出""在此工作"等标示。 3)作业人员将工器具和材料放在清洁、干燥的防潮苫布上	5	1)作业现场未装设围栏扣3分。 2)未设立警示牌扣1分。 3)工器具未分类摆放扣2分。 4)随意践踏防潮苫布,每次扣0.5分			

续表 2-6

序号	项目名称	质量要求	分值	扣分标准	扣分原因	扣分	得分
5	召开班前会	1) 全体工作成员正确戴安全帽,穿工作服。 2) 工作负责人穿红色背心,宣读工作票,明确工作任务及人员分工;讲解工作中的安全措施和技术措施;告知工作成员工作中存在的危险点及采取的预控措施。 3) 全体工作成员在工作票上签名确认	5	1) 工作人员着装不整齐每人次扣0.5分。 2) 未进行分工本项不得分,分工不明确扣1分。 3) 现场工作负责人未穿安全监护背心扣2分。 4) 工作票上工作班成员未签字或签字不全的扣1分/处			
6	工器具检查	1) 工作人员按要求将工器具放在防潮苫布上;防潮苫布应清洁、干燥。 2) 工器具应按定置管理要求分类摆放;绝缘工器具不能与金属工具、材料混放;对工器具进行外观检查。 3) 绝缘工具表面不应磨损、变形损坏,操作应灵活。进行分段绝缘检测,使用2 500 V及以上绝缘电阻表进行检测,阻值应不低于700 MΩ,并用清洁干燥的毛巾将其擦拭干净。 4) 作业人员正确穿戴个人安全防护用品,工作负责人应认真检查是否穿戴正确。 5) 对全绝缘个人手工工具进行外观检查,全绝缘个人手工工具外观完好、绝缘层无破损、无金属部分外露。 6) 检查确认低压配电柜(房)运行正常满足要求	10	1) 未使用防潮苫布并定置摆放工器具扣1分。 2) 未检查工器具试验合格标签及外观检查每项扣0.5分。 3) 未正确使用检测仪器对工器具进行检测每项扣1分。 4) 作业人员未正确穿戴安全防护用品,每人次扣3分。 5) 对全绝缘个人手工工具未进行检查,每项扣1分。 6) 未检查低压配电柜(房)运行情况扣2分			

续表 2-6

序号	项目名称	质量要求	分值	扣分标准	扣分原因	扣分	得分
7	配电柜(房)异物处理、螺栓紧固及孔洞封堵作业	1) 工作负责人对作业人员穿戴情况进行检查,确保穿戴符合要求。 2) 对配电柜(房)外壳旁边适当位置设置好绝缘垫,以确保安全防护可靠。 3) 验电时正确戴好绝缘手套,并先对验电器进行自检和在其他电源上进行检查,确保验电器处于良好状态。 4) 打开柜门时,作业人员应站在柜门边,缓慢地打开柜门,防止电弧对作业人员造成伤害。 5) 在设置绝缘隔板时,工作负责人应加强安全距离监护,确保各相间或相对地之间短路,并按照由近到远的顺序设置绝缘隔板。 6) 作业人员完成配电柜(房)异物清理、松动螺栓的紧固或紧固螺栓的个人工具进行操作。 7) 作业完成后,按照相反的顺序拆除绝缘隔板,检查修复质量符合要求,无遗留物后关闭柜门	60	1) 工作负责人未再次检查核对作业人员穿戴情况,扣 2 分。 2) 工作前未在配电柜(房)外壳旁边适当位置设置好绝缘垫,扣 5 分;设置不合理,扣 1 分。 3) 验电时未戴好绝缘手套,扣 10 分;验电前未对验电器进行自检和在其他电源上进行检查,各扣 3 分。 4) 打开柜门时,作业人员未站在柜门正前方,扣 3 分;打开柜门速度太快,扣 1 分。 5) 设置绝缘隔板时,工作负责人未进行安全监护或监护不到位,扣 5 分;设置绝缘隔板时,安全间距不足,扣 3 分/处;设置绝缘隔板顺序错误,扣 1 分/处。 6) 作业人员进行配电柜(房)异物清理、松动螺栓的紧固或紧固封堵操作时,未使用全绝缘的个人工具的,扣 15 分;未进行动作幅度过大,扣 1 分/处。 7) 作业完成后未进行修复质量检查,扣 5 分;拆除绝缘隔板的顺序错误,扣 1 分/处;关闭柜门前,柜内存在遗留物,扣 2 分/件			

续表 2-6

序号	项目名称	质量要求	分值	扣分标准	扣分原因	扣分	得分
8	工作结束	1）工作负责人组织班组成员清理现场。 2）召开班后会，工作负责人做工作总结和点评工作。 3）评估本项工作的施工质量。 4）点评班组成员在作业中安全措施的落实情况。 5）点评班组成员对规程、规范的执行情况。 6）办理带电作业工作票终结手续	10	1）工器具未清理扣 2 分。 2）工器具有遗漏扣 2 分。 3）未开班后会扣 2 分。 4）未拆除围栏扣 2 分。 5）未办理带电工作票终结手续扣 2 分			
9	合计		100				

第二节　0.4 kV 低压配电柜(房)带电更换低压开关

一、培训标准

(一)培训要求

培训要求见表 2-7。

表 2-7　培训要求

模块名称	0.4 kV 低压配电柜(房)带电更换低压开关		培训类别	操作类
培训方式	实操培训		培训学时	14 学时
培训目标	1. 熟悉 0.4 kV 绝缘手套法带电更换低压配电柜(房)内低压开关操作流程。 2. 能完成 0.4 kV 带电更换低压配电柜(房)内低压开关操作			
培训场地	0.4 kV 低压带电作业实训线路			
培训内容	采用绝缘手套法带电更换 0.4 kV 低压配电柜(房)内低压开关			
适用范围	0.4 kV 低压配电柜(房)带电更换低压开关			

(二)引用规程规范

GB/T 18857—2019 　《配电线路带电作业技术导则》

GB/T 18269—2008 　《交流 1 kV、直流 1.5 kV 及以下电压等级带电作业用绝缘手工工具》

Q/GDW 10520—2016 　《10 kV 配网不停电作业规范》

Q/GDW 745—2012 　《配电网设备缺陷分类标准》

Q/GDW 11261—2014 　《配电网检修规程》

国家电网安质〔2014〕265 号 　《国家电网公司电力安全工作规程(配电部分)(试行)》

(三)培训教学设计

本设计以完成"0.4 kV 低压配电柜(房)带电更换低压开关"为工作任务,按工作任务的标准化作业流程来设计各个培训阶段,每个阶段包括了具体的培训目标、培训内容、培训学时、培训方法与资源、培训环境和考核评价等内容,如表 2-8 所示。

表 2-8　0.4 kV 低压配电柜（房）带电更换低压开关培训内容设计

序号	培训流程	培训目标	培训内容	培训学时	培训方法与资源	培训环境	考核评价
1	理论教学	1. 熟悉 0.4 kV 低压配电柜（房）带电更换低压开关工器具及材料检查方法。2. 熟悉 0.4 kV 低压配电柜（房）带电更换低压开关方法	1. 本项目所涉及的车辆、个人防护用具、绝缘操作用具、旁路作业设备、个人工具和材料。2. 0.4 kV 低压配电柜（房）带电更换低压开关操作流程	2	培训方法：讲授法。培训资源：PPT、相关规程规范	多媒体教室	考勤、课堂提问和作业
2	准备工作	能完成作业前准备工作	1. 作业现场查勘。2. 编制培训标准化作业卡。3. 填写培训带电作业工作票。4. 完成本操作的工器具及材料准备	2	培训方法：1. 现场查勘和工器具及材料清理采用现场实操方法。2. 编写作业卡和填写工作票采用讲授方法。培训资源：1. 0.4 kV 低压实训线路。2. 0.4 kV 带电作业工器具库房。3. 空白工作票	1. 0.4 kV 带电作业实训线路。2. 多媒体教室	

续表 2-8

序号	培训流程	培训目标	培训内容	培训学时	培训方法与资源	培训环境	考核评价
3	作业现场准备	能完成作业现场准备工作	1. 作业现场复勘。 2. 工作申请。 3. 作业现场布置。 4. 班前会。 5. 工器具及材料检查	2	培训方法：演示与角色扮演法。 资源：1. 0.4 kV带电作业实训线路［配电柜(房)］。 2. 工器具及材料	0.4 kV带电作业实训线路［配电柜(房)］	
4	培训师演示	通过现场观摩，使学员初步领会本任务操作流程	1. 铺设作业用绝缘垫。 2. 验电。 3. 加装绝缘隔离装置。 4. 确认待更换低压开关在分闸位置，将其进、出线端子拆除，做好标记，并对其绝缘遮蔽。 5. 更换低压开关。 6. 确认新更换的低压开关在分闸位置，按照原接线方式连接进出线。 7. 确认出现无反送电后，合上低压开关。 8. 按照与安装相反的顺序拆除绝缘隔离装置。 9. 检查确认检修合格并无遗留物等	2	培训方法：演示法。 资源：0.4 kV带电作业实训线路［配电柜(房)］	0.4 kV带电作业实训线路［配电柜(房)］	

续表 2-8

序号	培训流程	培训目标	培训内容	培训学时	培训方法与资源	培训环境	考核评价
5	学员分组训练	能完成0.4 kV低压配电柜(房)带电更换低压开关	1.学员分组(10人一组)训练0.4 kV低压配电柜(房)带电更换低压开关操作。2.培训师对学员操作进行指导和安全监护	5	培训方法:角色扮演法。资源:1.0.4 kV实训线路[配电柜(房)];2.工器具和材料	0.4 kV带电作业实训线路[配电柜(房)]	采用技能考核评分细则对学员操作评分
6	工作终结	1.使学员进一步辨析操作过程不足之处,便于后期提升。2.培训学员安全文明生产的工作作风	1.作业现场清理。2.向调度汇报工作。3.召开班后会,对本次工作任务进行点评总结	1	培训方法:讲授和归纳法	作业现场	

(四)作业流程

1. 工作任务

在0.4 kV低压配电柜(房)进行带电更换低压开关操作。

2. 天气及作业现场要求

(1)0.4 kV低压配电柜(房)带电更换低压开关应在良好的天气进行。如遇雷电(听见雷声、看见闪电)、雪、雹、雨、雾等,禁止进行带电作业。风力大于5级,或空气相对湿度大于80%时,不宜进行带电作业;在恶劣天气下必须开展带电抢修时,应组织有关人员充分讨论并编制必要的安全措施,经本单位批准后方可进行。

(2)作业人员应精神状态良好,无妨碍作业的生理和心理障碍。熟悉工作中保证安全的组织措施和技术措施;应持有在有效期内的低压带电作业资质证书。

(3)工作负责人应事先组织相关人员完成现场勘察,根据勘查结果做出能否进行不停电作业的判断,并确定作业方法及应采取的安全技术措施,确定本次作业方法和所需工器具,并办理带电作业工作票。

(4)作业现场应合理设置围栏,并妥当布置警示标示牌,禁止非工作人员入内。

3. 准备工作

1)危险点及其预控措施

(1)危险点——触电伤害。

预控措施:

①在工作中,工作负责人应履行监护职责,不得兼做其他工作,要选择便于监护的位置,监护的范围不得超过一个作业点。

②开关操作人员必须穿戴防电弧服装(其防电弧能力不小于6.8 cal/cm^2),操作开关时必须戴绝缘手套。

③低压电气带电工作使用的工具手握部分应有绝缘柄,其外裸露的导电部位应采取绝缘包裹措施。

(2)危险点——设备损坏。

预控措施:

①断、接低压端子引线时,进、出线都应视为带电,要保持带电体与人体、邻相及接地体的安全距离。

②低压开关进出线应编号,连接前应进行核对。

③操作之前应核对低压开关编号及状态。

④更换低压开关后,合开关前应对出线验电,确认无反送电。

(3)危险点——现场管理混乱造成人身或设备事故。

预控措施：

①每项工作开始前、结束后，每组工作完成后，小组负责人应向现场总工作负责人汇报。

②严格按照倒闸操作票进行操作，并执行唱票制。

③作业现场设置围栏并挂好警示标示牌。监护人员应随时注意，禁止非工作人员及车辆进入作业区域。

2）工器具及材料选择

0.4 kV 低压配电柜（房）带电更换低压开关所需工器具及材料见表2-9。工器具出库前，应认真核对工器具的使用电压等级和试验周期，并检查确认外观良好、连接牢固、转动灵活；工器具出库后，防止脏污、受潮。

表2-9　0.4 kV 低压配电柜（房）带电更换低压开关所需工器具及材料

序号	工器具名称		规格/型号	单位	数量	备注
1	安全防护用具	绝缘手套	0.4 kV	副	2	
2		绝缘鞋（靴）		双	3	
3		双控背带式安全带		副	2	根据现场实际需要配置
4		安全帽		顶	3	
5		个人电弧防护用品		套	1	防电弧服、防电弧面屏室外作业防电弧能力不小于 6.8 cal/cm²；配电柜等封闭空间作业不小于 25.6 cal/cm²
6	绝缘遮蔽用具	绝缘隔板	0.4 kV		若干	
7		绝缘护套	0.4 kV		若干	进出线端子用
8	绝缘工器具	绝缘垫	0.4 kV		若干	
9		绝缘登高工具				根据现场实际需要配置
10		个人绝缘手工工具		套	1	
11	辅助工具	防潮垫或毡布		块	2	
12		围栏、安全警示带（牌）			若干	根据现场实际需要配置
13		绝缘绳				根据现场实际需要配置
14	仪器仪表	万用表		块	1	
15		温湿度仪		块	1	根据现场实际需要配置
16		验电器	0.4 kV	支	1	
17	材料	低压开关	RMM2-630	台	1	检测试验合格
18		电气胶带		套	1	黄、绿、红、蓝四色

3)作业人员分工

0.4 kV 低压配电柜(房)带电更换低压开关作业人员分工如表2-10 所示。

表 2-10　0.4 kV 低压配电柜(房)带电更换低压开关作业人员分工

序号	工作岗位	数量/人	工作职责
1	工作负责人	1	全面负责现场作业,履行监护人职责
2	带电作业人员	2	负责设置绝缘隔离装置、低压断路器的更换等工作

4. 工作程序

0.4 kV 低压配电柜(房)带电更换低压开关工作流程如表2-11 所示。

表 2-11　0.4 kV 低压配电柜(房)带电更换低压开关工作流程

序号	作业内容	作业步骤	作业标准
1	开工	(1)工作负责人与设备运维管理单位联系,申请工作许可。 (2)工作负责人组织召开班前会,发布开始工作的命令	(1)工作负责人与设备运维管理单位履行许可手续。 (2)工作负责人应分别向作业人员宣读工作票,布置工作任务,明确人员分工、作业程序、现场安全措施,进行危险点告知,并履行确认手续。 (3)工作负责人发布开始工作的命令
2	检查	(1)在作业现场设置安全围栏和警示标志。 (2)作业人员检查周围环境。 (3)检查绝缘工具、防护用具数量满足工作需要。 (4)绝缘工具外观检测合格。 (5)检查确认新低压开关的导通、开断和绝缘状况	(1)安全围栏和警示标志满足规定要求。 (2)周围环境满足作业条件。 (3)绝缘工具、防护用具性能完好,并在试验周期内;绝缘手套做充气试验,确认无漏气现象。 (4)检查工器具是否有机械性损伤。 (5)合上新低压开关,用万用表测导通、绝缘及开路状况,确保其功能完好

续表 2-11

序号	作业内容	作业步骤	作业标准
3	不停电作业施工	(1)铺设作业用绝缘垫。 (2)验电。 (3)加装绝缘隔离装置。 (4)确认待更换低压开关在分闸位置,将其进、出线端子拆除,做好标记,并对其绝缘遮蔽。 (5)更换低压开关。 (6)确认新更换的低压开关在分闸位置,按照原接线方式连接进出线。 (7)确认出线无反送电后,合上低压开关。 (8)按照与安装相反的顺序拆除绝缘隔离装置。 (9)清理现场	(1)应对待更换低压开关两侧验电,确认负荷侧无电,验电时须戴绝缘手套。 (2)按照由近及远、由带电体到接地体的顺序设置绝缘隔离装置。 (3)拆除接线端子时,应先出线、后进线,先相线、后零线。 (4)进出线拆除后立即用黄、绿、红、蓝四色胶带做好标记。 (5)作业时应穿戴全套的安全防护用具(防电弧服等)。 (6)接进、出线端子时应按照与拆相反的顺序进行。 (7)合开关前应对出线验电,确认无反送电。 (8)拆除绝缘隔离应由远到近、由接地体到带电体顺序进行。 (9)现场无遗留物
4	施工质量检查	工作负责人检查作业质量	全面检查作业质量,无遗漏的工具、材料等
5	工作结束	(1)工作负责人检查工作现场,整理工器具。 (2)办理工作终结手续。 (3)召开班后会	(1)工作负责人全面检查工作完成情况。 (2)工作负责人向调度(工作许可人)汇报工作结束,终结工作票。 (3)工作负责人组织召开班后会,做工作总结和作业点评工作

二、考核标准

国网四川省电力公司 0.4 kV 低压配网不停电作业技能培训考核评分细则见表 2-12。

表2-12 国网四川省电力公司0.4 kV配网不停电作业技能培训考核评分细则

考生填写栏	姓名:	所在岗位:	单位:	日期:	年 月 日
考评员填写栏	编号:	成绩:	考评员:	考评组长:	开始时间: 结束时间:	操作时长:
			考核对象	0.4 kV配网不停电作业人员	考核方式	操作	考核时限	90 min

考核模块	低压配电柜(房)带电更换低压开关
任务描述	在0.4 kV低压配电柜(房)进行带电更换低压开关操作

工作规范及要求

1. 带电作业应在良好天气下进行。如遇雷、雨、雪、雾天气不得进行带电作业。风力大于5级、湿度大于80%时,一般不宜进行带电作业。
2. 本项作业需工作负责人1名,带电作业人员2人。
3. 工作负责人职责:全面负责现场作业,履行监护人职责。
4. 带电作业人员职责:负责绝缘遮蔽装置的设置,低压断路器的更换等工作。
5. 在带电作业中,如遇雷、雨、大风或其他任何情况威胁到工作人员的安全时,工作负责人或监护人可根据情况,临时停止工作。

给定条件:
1. 培训基地:0.4 kV低压线路配电柜(房)。
2. 带电作业工作票已办理,安全措施已经完备,工作开始。工作终结时应口头提出申请(调度或考评员)。
3. 绝缘工器具和个人防护用具等。
4. 必须按工作程序进行操作,工序错误扣除应做项目分值,如出现重大人身、器材和操作安全隐患,考评员可令终止操作(考核)。

考核情景准备

1. 线路:0.4 kV低压配电线路配电柜(房)。工作内容:带电更换0.4 kV低压配电柜(房)低压开关。
2. 所需作业工器具:个人防护用具、绝缘工器具、个人工器具。
3. 作业现场做好监护工作,作业现场安全措施(围栏等)已全部落实;禁止非作业人员进入现场,工作人员进入作业现场必须戴安全帽。
4. 考生自备工作服,阻燃纯棉内衣,安全帽、线手套

备注

1. 各项目得分扣减均完毕为止,如出现重大人身、器材和操作安全隐患,考评员可下令终止操作。
2. 如设备、作业环境、安全帽、工器具、绝缘工具和被路设备等不符合作业条件,考评员可下令终止操作

续表 2-12

序号	项目名称	质量要求	分值	扣分标准	扣分原因	扣分	得分
1	现场复勘	1）工作负责人指挥工作人员核对工作设备。 2）工作负责人指挥工作人员检查开关柜是否具备带电作业条件。 3）工作负责人指挥工作人员检查气象条件：天气应晴好，无雷、雨、雪、大雾；风力不大于5级；相对湿度不大于80%。 4）工作负责人指挥工作人员检查工作票所列安全措施，在工作票上补充安全措施	8	1）未核对双重称号扣2分。 2）未核实现场工作条件（气象）、缺陷部位扣2分。 3）未检查发电车作业环境扣1分。 4）工作票填写出现涂改，每项扣0.5分；工作票编号有误，扣1.5分；工作票填写不完整，扣2分			
2	工作许可	1）工作负责人向设备运行单位申请许可工作。 2）经值班调控人员许可后，方可开始带电作业工作	2	1）未联系运行部门（裁判）申请工作扣2分。 2）汇报专业用语不规范或不完整的各扣0.5分			
3	现场布置	正确装设安全围栏并悬挂标示牌： 1）安全围栏范围应充分考虑高处坠物危险，以及对道路交通的影响，安全围栏出入口设置合理。 2）妥当布置"从此进出""在此工作"等标示。 3）作业人员将工器具和材料放在清洁、干燥的防潮苫布上	5	1）作业现场未装设围栏扣1分。 2）未设立警示牌扣1分。 3）工器具未分类摆放扣2分			

续表 2-12

序号	项目名称	质量要求	分值	扣分标准	扣分原因	扣分	得分
4	召开班前会	1)全体工作成员正确穿戴安全帽、工作服。 2)工作负责人穿红色背心,宣读工作票,明确工作任务及安全措施;讲解工作中的安全措施和技术措施;查(问)全体工作成员精神状态;告知工作中存在的危险点及采取的预控措施。 3)全体工作成员在工作票上签名确认	5	1)工作人员着装不整齐扣 0.5 分。 2)未进行分工本项不得分,分工不明扣 1 分。 3)现场工作负责人未穿安全监护背心扣 0.5 分。 4)工作票上工作班成员未签字或签字不全的扣 1 分			
5	工器具检查	1)工作人员按要求将工器具放在防潮苫布上;防潮苫布应清洁、干燥。 2)工器具应按定置管理要求分类摆放;绝缘工器具不能与金属工具、材料混放;对工器具进行外观检查。 3)绝缘工具表面不应磨损、变形损坏,操作应灵活。绝缘工具应使用 2 500 V 及以上绝缘电阻表进行分段绝缘检测,阻值不低于 700 MΩ,并用清洁干燥的毛巾将其擦拭干净。 4)作业人员正确穿戴个人安全防护用品,工作负责人应认真检查是否穿戴正确。 5)对旁路设备进行外观、绝缘性能检查。 6)检测低压断路器导通、绝缘状况;断开低压断路器,检测其开路情况	10	1)未使用防潮苫布并定置摆放工器具扣 1 分。 2)未检查工器具试验合格标签及外观每项扣 0.5 分。 3)未正确使用检测仪器对工器具进行检测每项扣 1 分。 4)作业人员未正确穿戴安全防护用品,每人次扣 2 分。 5)对旁路系统设备未进行检查的每项扣 1 分。 6)未检测低压断路器导通、绝缘状况扣 1 分;未检测断开断路器开路情况扣 1 分			

续表 2-12

序号	项目名称	质量要求	分值	扣分标准	扣分原因	扣分	得分
6	验电	1)作业人员铺设作业用绝缘垫。2)对待更换低压断路器两侧进行验电,确认负荷侧无电,验电时须戴绝缘手套	10	1)未铺设作业用绝缘垫,扣1分。2)验电时未戴绝缘手套,扣5分;验电步骤不正确,扣4分			
7	设置绝缘遮蔽	获得工作负责人许可后,按照"由近及远"的顺序设置绝缘隔离措施	5	1)绝缘遮蔽措施不严密和牢固,每处扣1分。2)作业过程中发生线路接地或短路,本项直接为0分			
8	更换低压断路器	1)确认待更换低压断路器在分闸位置。2)拆除接线端子时,应先出线、后进线,先零线、后零线。3)进出线拆除后立即用黄、绿、红胶带做好标记。4)作业时应穿戴全套的安全防护用具(防电弧服等)。5)确认新更换的低压断路器在分闸位置,按照原接线方式连接进出线。6)接进、出线端子时应按照与拆相反的顺序进行。7)合断路器前应对出线端子验电,确认无反送电	35	1)未确认待更换低压断路器位置,扣3分。2)未做好进、出线端子标记,各扣3分。3)拆除进、出线端子后未进行绝缘遮蔽,扣5分。4)拆除接线端子时顺序错误,扣5分。5)作业时未正确穿戴全套的安全防护用具扣5分。6)未确认新更换的低压断路器在分闸位置,扣3分。7)拆除进、出线端子时顺序错误,扣5分。8)合新断路器前未进行出线验电,扣5分			

续表 2-12

序号	项目名称	质量要求	分值	扣分标准	扣分原因	扣分	得分
9	拆除带电体和接地体绝缘遮蔽措施	获得工作负责人的许可后,电工到达合适位置,按照与安装相反的顺序拆除绝缘隔离装置	10	1)拆除带电体未充分放电,扣3分。2)拆除绝缘遮蔽设备顺序错误,扣3分			
10	工作结束	1)工作负责人组织班组成员清理现场。2)召开班后会,工作负责人做工作总结和点评工作。3)评估本项工作的施工质量。4)点评班组成员在作业中安全措施的落实情况。5)点评班组成员对规程规范的执行情况。6)办理带电作业工作票终结手续	10	1)工作负责人未检查作业质量,扣6分。2)工器具未清理,扣2分。3)工器具有遗漏,扣2分。4)未开班后会,扣2分。5)未拆除围栏,扣2分。6)未办理带电工作票终结手续,扣2分			
11	合计		100				

第三节　0.4 kV 低压配电柜(房)带电更换低压开关进(出)线端子

一、培训标准

(一)培训要求

培训要求见表 2-13。

表 2-13　培训要求

模块名称	0.4 kV 低压配电柜(房)带电更换 低压开关进(出)线端子	培训类别	操作类
培训方式	实操培训	培训学时	11 学时
培训目标	1. 熟悉 0.4 kV 低压配电柜(房)带电更换低压开关进(出)线端子操作流程、工器具准备、危险点及预控措施。 2. 能完成 0.4 kV 低压配电柜(房)带电更换低压开关进(出)线端子操作		
培训场地	0.4 kV 低压带电作业实训线路(带配电柜)		
培训内容	低压配电柜(房)总开关柜后有两路以上的分路,带电更换低压的分路开关进(出)线端子		
适用范围	0.4 kV 低压配电柜(房)带电更换低压开关进(出)线端子		

(二)引用规程规范

国家电网安监〔2014〕265 号 《国家电网公司电力安全工作规程(配电部分)(试行)》

Q/GDW 1519—2014　《配电网运维规程》

Q/GDW 10520—2016　《10kV 配网不停电作业规范》

GB/T 14286—2008　《带电作业工具设备术语》

GB/T 18857—2019　《配电线路带电作业技术导则》

(三)培训教学设计

本设计以完成"0.4 kV 低压配电柜(房)带电更换低压开关进(出)线端子"为工作任务,按工作任务的标准化作业流程来设计各个培训阶段,每个阶段包括了具体的培训目标、培训内容、培训学时、培训方法与资源、培训环境和考核评价等内容,如表 2-14 所示。

表 2-14 0.4 kV 低压配电柜（房）带电更换低压开关进（出）线端子培训内容设计

序号	培训流程	培训目标	培训内容	培训学时	培训方法与资源	培训环境	考核评价
1	理论教学	1.熟悉0.4 kV低压配电柜（房）带电更换低压开关进（出）线端子工器具及材料检查方法。2.熟悉0.4 kV低压配电柜（房）带电更换低压开关进（出）线端子操作方法	1.本项目所涉及的个人防护用具,绝缘操作用具,绝缘遮蔽用具,个人工具和材料。2.在0.4 kV低压带电作业实训线路,完成0.4 kV低压配电柜（房）带电更换低压开关进（出）线端子操作步骤	2	培训方法:讲授法。培训资源:PPT,相关规程规范	多媒体教室	考勤、课堂提问和作业
2	准备工作	能完成作业前准备工作	1.作业现场查勘。2.编制培训标准化作业卡。3.填写培训带电作业工作票。4.完成本操作的工器具及材料准备	1	培训方法:1.现场查勘和工器具及材料清理采用现场实操方法。2.编写标准化作业卡和填写工作票采用讲授方法。培训资源:1.0.4 kV实训线路（带配电柜）。2.0.4 kV带电作业工器具库房。3.空白工作票	1.0.4 kV带电作业实训线路（带配电柜）。2.多媒体教室	

续表 2-14

序号	培训流程	培训目标	培训内容	培训学时	培训方法与资源	培训环境	考核评价
3	作业现场准备	能完成作业现场准备工作	1. 作业现场复勘。 2. 工作申请。 3. 作业现场布置。 4. 班前会。 5. 工器具及材料检查	1	培训方法：演示与角色扮演法。 资源：1.0.4 kV带电作业实训线路（带配电柜）。 2. 工器具及材料	0.4 kV带电作业实训线路（带配电柜）	
4	培训师演示	通过现场观摩，使学员初步领会本任务操作流程	1. 铺设作业用绝缘垫。 2. 验电。 3. 加装绝缘隔离装置。 4. 确认待更换低压开关的进（出）线端子拆除，将待更换的进（出）线端子做好标记，并对进（出）线绝缘遮蔽。 5. 制作进（出）线端子。 6. 确认低压开关在分闸位置，按照原接线方式连接进出线。 7. 确认出线无反送电后，合上低压开关。 8. 按照与安装相反的顺序拆除绝缘隔离措施	1	培训方法：演示法。 资源：0.4 kV带电作业实训线路（带配电柜）	0.4 kV带电作业实训线路（带配电柜）	

续表 2-14

序号	培训流程	培训目标	培训内容	培训学时	培训方法与资源	培训环境	考核评价
5	学员分组训练	能完成0.4 kV低压配电柜(房)带电更换低压开关进(出)线端子操作	1.学员分组(10人一组)训练0.4 kV低压配电柜(房)带电更换低压开关进(出)线端子操作。 2.培训师对学员操作进行指导和安全监护	5	培训方法:角色扮演法。 资源:1.0.4 kV实训线路(带配电柜)。 2.工器具和材料	0.4 kV带电作业实训线路(带配电柜)	采用技能考核评分细则对学员操作评分
6	工作终结	1.使学员进一步辨析操作过程不足之处,便于后期提升。 2.培训学员安全文明生产的工作作风	1.作业现场清理。 2.向调度汇报工作。 3.召开班后会,对本次工作任务进行点评总结	1	培训方法:讲授和归纳法	作业现场	

(四)作业流程

1. 工作任务

在0.4 kV低压带电作业实训线路(带配电柜),完成0.4 kV低压配电柜(房)带电更换低压开关进(出)线端子操作。

2. 天气及作业现场要求

(1)0.4 kV低压配电柜(房)带电更换低压开关进(出)线端子作业应在良好的天气进行。如遇雷电(听见雷声、看见闪电)、雪、雹、雨、雾等,禁止进行带电作业。风力大于5级,或空气相对湿度大于80%时,不宜进行带电作业;恶劣天气下必须开展带电抢修时,应组织有关人员充分讨论并编制必要的安全措施,经本单位批准后方可进行。

(2)作业人员精神状态良好,无妨碍作业的生理和心理障碍。熟悉工作中保证安全的组织措施和技术措施;应持有在有效期内的低压带电作业资质证书。

(3)工作负责人应事先组织相关人员完成现场勘察,根据勘查结果做出能否进行不停电作业的判断,并确定作业方法及应采取的安全技术措施,确定本次作业方法和所需工器具,并办理带电作业工作票。

(4)作业现场应合理设置围栏,并妥当布置警示标示牌,禁止非工作人员入内。

3. 准备工作

1)危险点及其预控措施

(1)危险点——带电作业专责监护人违章兼做其他工作或监护不到位,使作业人员失去监护。

预控措施:

①专责监护人应履行监护职责,不得兼做其他工作,要选择便于监护的位置,监护的范围不得超过一个作业点。

②作业现场及工器具摆放位置周围应设置安全围栏、警示标志,防止行人及其他车辆进入作业现场。

(2)危险点——触电、电弧伤害。

预控措施:

①在带电作业过程中,作业人员应始终穿戴齐全防护用具。保持人体与邻相带电体及接地体的安全距离。

②低压电气带电工作使用的工具手握部分应有绝缘柄,其外裸露的导电部位应采取绝缘包裹措施。

③对不规则带电部件和接地部件采用绝缘毯进行绝缘隔离,并可靠固定。

④在带电作业过程中如设备突然停电,作业人员应视设备仍然带电。在作业过程中绝缘工具金属部分应与接地体保持足够的安全距离。

⑤断、接低压端子引线时,进(出)线都应视为带电,要保持带电体与人体、邻相及接地体的安全距离。

(3)危险点——断、接低压端子引线时,引线脱落造成接地或相间短路事故。

预控措施:

①在作业中邻近不同电位导线或设备时,应采取绝缘隔离措施,防止相间短路和单相接地。

②对不规则带电部件和接地部件采用绝缘毯进行绝缘隔离,并可靠固定。

(4)危险点——低压开关引线未做标记,导致接线错误。

预控措施:

①低压开关进出线应编号,连接前应进行核对。

②操作之前应核对低压开关编号及状态。

(5)危险点——低压开关出线反送电。

预控措施:更换低压开关后,合开关前应对出线验电,确认无反送电。

2)工器具及材料选择

0.4 kV低压配电柜(房)带电更换低压开关进(出)线端子所需工器具及材料见表2-15。工器具出库前,应认真核对工器具的使用电压等级和试验周期,并检查确认外观良好、连接牢固、转动灵活,且符合本次工作任务的要求;工器具出库后,应存放在工具袋或工具箱内进行运输,防止脏污、受潮;金属工具和绝缘工器具应分开装运,防止因混装运输导致工器具变形、损伤等现象发生。

表2-15 0.4 kV低压配电柜(房)带电更换低压开关进(出)线端子所需工器具及材料

序号	工器具名称		规格/型号	单位	数量	备注
1	安全防护用具	绝缘手套	0.4 kV	副	2	
2		绝缘鞋(靴)		双	3	
3		双控背带式安全带		副	2	根据现场实际需要配置
4		安全帽		顶	3	
5		个人电弧防护用品		套	1	防电弧服、防电弧面屏室外作业防电弧能力不小于6.8 cal/cm^2;配电柜等封闭空间作业不小于25.6 cal/cm^2
6	绝缘遮蔽用具	绝缘隔板	0.4 kV		若干	
7		绝缘护套	0.4 kV		若干	进出线端子用
8	绝缘工器具	绝缘垫	0.4 kV		若干	
9		绝缘登高工具				根据现场实际需要配置
10		个人绝缘手工工具		套	1	
11		绝缘断线剪		把	1	

续表 2-15

序号	工器具名称		规格/型号	单位	数量	备注
12	辅助工具	防潮垫或毡布		块	2	
13		围栏、安全警示带(牌)			若干	根据现场实际需要配置
14		压钳		把	1	压接端子用
15		绝缘绳				根据现场实际需要配置
16	仪器仪表	万用表		块	1	
17		温湿度仪		块	1	根据现场实际需要配置
18		验电器	0.4 kV	支	1	
19	材料	接线端子			若干	规格同原端子
20		电气胶带		套	1	黄、绿、红、蓝四色

3)作业人员分工

0.4 kV 低压配电柜(房)带电更换低压开关进(出)线端子作业人员分工如表 2-16 所示。

表 2-16 0.4 kV 低压配电柜(房)带电更换低压开关进(出)线端子作业人员分工

序号	工作岗位	数量/人	工作职责
1	工作负责人(监护人)	1	负责本次工作任务的人员分工、工作票的宣读、工作许可手续的办理、工作班前会的召开、工作中突发情况的处理、工作质量的监督、工作后的总结
2	带电作业人员	1	负责设置绝缘隔离装置、低压开关进(出)线端子的更换等工作
3	辅助电工	1	协助完成工作任务

4. 工作程序

0.4 kV 低压配电柜(房)带电更换低压开关进(出)线端子工作流程如表 2-17 所示。

表 2-17 0.4 kV 低压配电柜(房)带电更换低压开关进(出)线端子工作流程

序号	作业内容	作业步骤及标准	安全措施及注意事项	责任人
1	现场复勘	(1)现场核对 0.4 kV 线路配电柜名称及编号,确认柜体无漏电现象。 (2)确认现场气象条件满足作业要求。 (3)检查带电作业工作票所列安全措施与现场实际情况是否相符,必要时予以补充	(1)正确穿戴安全帽、工作服、工作鞋、劳保手套。 (2)0.4 kV 线路配电柜双重名称核对无误。 (3)不得在危及作业人员安全的气象条件下作业。 (4)作业现场满足工作票所列作业条件。 (5)严禁非工作人员、车辆进入作业现场	

续表 2-17

序号	作业内容	作业步骤及标准	安全措施及注意事项	责任人
2	工作许可	(1)工作负责人向设备运行单位申请许可工作。 (2)经值班调控人员许可后,方可开始带电作业	(1)汇报内容为工作负责人姓名、工作地点、工作任务和计划工作时间。 (2)经值班调控人员许可后方可开始工作	
3	现场布置	(1)安全围栏范围内应充分考虑高处坠物,以及对道路交通的影响。 (2)安全围栏出入口设置合理。 (3)妥当布置"从此进出""在此工作"等标示。 (4)作业人员将工器具和材料放在清洁、干燥的防潮苫布上	(1)对道路交通安全影响不可控时,应及时联系交通管理部门强化现场交通安全管控。 (2)工器具应分类摆放。 (3)绝缘工器具不能与金属工具、材料混放	
4	召开班前会	(1)全体工作成员列队。 (2)工作负责人宣读工作票,明确工作任务及人员分工;讲解工作中的安全措施和技术措施;查(问)全体工作成员精神状态;告知工作中存在的危险点及采取的预控措施。 (3)全体工作成员在带电作业工作票上签名确认	(1)工作票填写、签发和许可手续规范,签名完整。 (2)全体工作成员精神状态良好。 (3)全体工作成员明确任务分工、安全措施和技术措施	
5	检查绝缘工器具及个人防护用品	(1)对绝缘工具、防护用具外观和试验合格证进行检查,并检测其绝缘性能。 (2)作业人员穿戴个人安全防护用品。 (3)检查确认端子规格型号	(1)金属、绝缘工具使用前,应仔细检查其是否损坏、变形、失灵。绝缘工具应使用 2 500 V 及以上绝缘电阻表进行分段绝缘检测,阻值应不低于 700 MΩ,并在试验周期内,用清洁干燥的毛巾将其擦拭干净。 (2)作业人员穿戴个人防护用具符合作业要求。 (3)检查确认端子规格型号满足要求	

续表 2-17

序号	作业内容	作业步骤及标准	安全措施及注意事项	责任人
6	带电更换低压开关进(出)线端子	(1)铺设作业用绝缘垫。 (2)验电。 (3)加装绝缘隔离装置。 (4)确认待更换低压开关在分闸位置,将其待更换的进(出)线端子拆除,做好标记,并对进(出)线绝缘遮蔽。 (5)制作进(出)线端子。 (6)确认低压开关在分闸位置,按照原接线方式连接进出线。 (7)确认出线无反送电后,合上低压开关。 (8)拆除绝缘隔离装置。 (9)合开关前的检查。 (10)检查清理作业现场	(1)应对待更换低压开关两侧验电,确认负荷侧无电,验电时须戴绝缘手套。 (2)按照由近及远、由带电体到接地体的顺序设置绝缘隔离装置。 (3)拆除接线端子时,应先出线、后进线,先相线、后零线(需同时更换进、出线端子时)。 (4)进出线拆除后立即用黄、绿、红、蓝四色胶带做好标记。 (5)作业时应穿全套的安全防护用具(防电弧服等)。 (6)接进(出)线端子时,应按照与拆相反的顺序进行。 (7)制作端子时应逐相进行,制作完成后应及时恢复其绝缘遮蔽,制作时应注意与邻相及接地体保持足够的安全距离。 (8)按照与安装相反的顺序拆除绝缘隔离装置。 (9)合开关前应对出线验电,确认无反送电。 (10)确认检修合格并无遗留物等	
7	施工质量检查	工作负责人检查工作质量	全面检查作业质量,无遗漏的工具、材料等	
8	工作结束	(1)工作负责人检查工作现场,整理工器具。 (2)办理工作终结手续。 (3)召开班后会	(1)工作负责人全面检查工作完成情况。 (2)工作负责人向调度(工作许可人)汇报工作结束,终结工作票。 (3)工作负责人组织召开班后会,做工作总结和作业点评工作	

二、考核标准

国网四川省电力公司 0.4 kV 配网不停电作业技能培训考核评分细则见表 2-18。

表 2-18　国网四川省电力公司 0.4 kV 配网不停电作业技能培训考核评分细则

考生填写栏	姓　名：		编　号：		所在岗位：		单　位：		日　期：	年　月　日
考评员填写栏	考评员：		成　绩：		考评组长：		开始时间：	结束时间：	操作时长：	

考核模块	考核对象	考核方式		考核时限
0.4 kV 低压配电柜(房)带电更换低压开关进(出)线端子	0.4 kV 配网不停电作业人员	操作		90 min

任务描述	在 0.4 kV 低压带电作业实训线路(带配电柜),完成 0.4 kV 低压配电柜(房)带电更换低压开关进(出)线端子操作
工作规范及要求	1. 带电作业应在良好天气下进行。如遇雷、雨、雪、雾天气不得进行带电作业。风力大于 5 级,湿度大于 80% 时,一般不宜进行带电作业。 2. 本项目作业需工作负责人 1 人、带电作业人员 1 人、辅助电工 1 人,完成 0.4 kV 低压配电柜(房)带电更换低压开关进(出)线端子操作。 3. 工作负责人职责:负责本次工作任务的人员分工,工作票的宣读,工作前会的召开,工作中突发情况的处理,工作质量的监督,工作后的总结。 4. 带电作业人员职责:负责绝缘隔离装置的设置,低压开关进(出)线端子的更换等工作。 5. 辅助电工职责:协助完成工作任务。 6. 在带电作业中,如遇雷、雨、大风或其他任何情况威胁到工作人员的安全时,工作负责人或监护人可根据情况,临时停止工作。 给定条件: 1. 培训基地:0.4 kV 低压线路(带配电柜)。 2. 带电作业工作票已办理,安全措施已经完备,工作开始,工作终结时应口头提出申请(调度或考评员)。 3. 安全防护用具、绝缘遮蔽用具、绝缘工器具,辅助工具、仪器仪表及材料等。 4. 必须按工作程序进行操作,工序错误或缺项应做项目分值,若出现重大人身、器材和操作安全隐患,考评员可下令终止操作(考核)
考核情景准备	1. 线路:0.4 kV 低压配电线路(带配电柜)。工作内容:0.4 kV 低压配电柜(房)带电更换低压开关进(出)线端子。 2. 所需作业工器具:安全防护用具、绝缘遮蔽用具、绝缘工器具、辅助工具、仪器仪表及料材等。 3. 作业现场做好监护工作,作业现场安全措施(围栏等)已全部落实,禁止非作业人员进入现场,工作人员进入作业现场必须戴安全帽。 4. 考生自备工作服,阻燃纯棉内衣、安全帽、线手套
备注	1. 各项目得分均扣完为止,如出现重大人身、器材和操作安全隐患,考评员可下令终止操作。 2. 如设备、作业环境、安全防护用具、工器具、绝缘工具等不符合作业条件,考评员可下令终止操作

续表 2-18

序号	项目名称	质量要求	分值	扣分标准	扣分原因	扣分	得分
1	现场复勘	1）工作负责人到作业现场核对 0.4 kV 线路配电柜名称及编号，确认现场是否满足作业条件。 2）检测风速、湿度等现场气象条件符合作业要求。 3）检查带电作业工作票填写完整，无涂改，检查所列安全措施与现场实际情况是否相符，必要时予以补充	8	1）未核对双重称号扣 1 分。 2）未核实现场工作条件（气象）、缺陷部位扣 1 分。 3）工作票填写出现涂改，每项扣 0.5 分；工作票编号有误，扣 1 分；工作票填写不完整，扣 1.5 分			
2	工作许可	1）工作负责人向设备运行单位申请许可工作。 2）经值班调控人员许可后，方可开始带电作业	2	1）未联系运行部门（裁判）申请工作扣 2 分。 2）汇报专业用语不规范的各扣 0.5 分			
3	现场布置	正确装设安全围栏并悬挂标示牌： 1）安全围栏范围应充分考虑高处坠物，以及对道路交通的影响，安全围栏出入口设置合理。 2）妥当布置"从此进出""在此工作"等标示。 3）作业人员将工器具和材料放在清洁、干燥的防潮苫布上	5	1）作业现场未装设围栏扣 0.5 分。 2）未设立警示牌扣 0.5 分。 3）工器具未分类摆放扣 2 分			

续表 2-18

序号	项目名称	质量要求	分值	扣分标准	扣分原因	扣分	得分
4	召开班前会	1)全体工作成员正确穿戴安全帽、工作服。 2)工作负责人穿红色背心;宣读工作票,明确工作任务及人员分工;讲解工作中的安全措施和技术措施;告知工作成员精神状态;告知工作中存在的危险点及采取的预控措施。 3)全体工作成员在工作票上签名确认	5	1)工作人员着装不整齐扣 0.5 分。 2)未进行分工本项不得分,分工不明扣 1 分。 3)现场工作负责人未穿安全监护背心扣 0.5 分。 4)工作票上工作班成员未签字或签字不全的扣 1 分			
5	工器具检查	1)工作人员按要求将工器具放在防潮苫布上;防潮苫布应清洁、干燥。 2)工器具应按定置管理要求分类摆放;绝缘工器具不能与金属工具、材料混放;对工器具进行外观检查。 3)绝缘工器具表面不应磨损、变形损坏,操作应灵活。绝缘工具使用 2 500 V 及以上绝缘电阻表进行分段绝缘检测,阻值应不低于 700 MΩ,并用清洁干燥的毛巾将其擦拭干净。 4)作业人员应正确穿戴个人安全防护用品,工作负责人应认真检查是否穿戴型号正确。 5)检查确认端子规格型号无误	10	1)未使用防潮苫布并定置摆放工器具扣 1 分。 2)未检查工器具试验合格标签及外观每项扣 0.5 分。 3)未正确使用检测仪器对工器具进行检测每项扣 1 分。 4)作业人员未正确穿戴安全防护用品,每人次扣 2 分。 5)未检查确认端子规格型号无误扣 2 分			

续表 2-18

序号	项目名称	质量要求	分值	扣分标准	扣分原因	扣分	得分
6	带电更换低压开关进（出）线端子	1）铺设作业用绝缘垫。 2）验电。 3）加装绝缘隔离装置。 4）确认待更换的进（出）线端子拆除，做好标记，并对进（出）线绝缘进行遮蔽。 5）制作进（出）线端子。 6）确认待更换低压开关在在分闸位置，按照原接线方式连接进出线。 7）确认出线无反送电后，合上低压开关。 8）按照与安装相反的顺序拆除绝缘隔离装置。 9）检查确认检修合格并无遗留物等	65	1）未铺设绝缘垫，不得分。 2）未验电扣 5 分。 3）验电顺序不正确扣 4 分。 4）验电时未戴绝缘手套扣 5 分。 5）未进行绝缘隔离不得分。 6）隔离不严密扣 1 分/处。 7）隔离过程中高空落物扣 1 分/次。 8）隔离用具重叠处小于 150 mm 扣 1 分/处。 9）隔离顺序错误扣 1 分/处。 10）未确认待更换电压开关位置扣 5 分。 11）拆除接线端子顺序错误扣 10 分。 12）未对接线端子做好标记扣 5 分。 13）接进（出）线端子时顺序错误扣 10 分。 14）制作端子时未与邻相及接地体保持足够的安全距离扣 5 分。 15）合开关前未对出线验电确认无反送电扣 5 分。 16）拆除隔离顺序错误扣 1 分/处			

续表 2-18

序号	项目名称	质量要求	分值	扣分标准	扣分原因	扣分	得分
7	工作结束	1) 工作负责人组织班组成员清理现场。 2) 召开班后会,工作负责人做工作总结和点评工作。 3) 评估本项工作的施工质量。 4) 点评班组成员在作业中安全措施的落实情况。 5) 点评班组成员对规程规范的执行情况。 6) 办理带电作业工作票终结手续	5	1) 工器具未清理扣 2 分。 2) 工器具有遗漏扣 2 分。 3) 未开班后会扣 2 分。 4) 未拆除围栏扣 2 分。 5) 未办理带电工作票终结手续扣 2 分			
8	合计		100				

第四节　0.4 kV 带电更换配电柜电容器

一、培训标准

(一)培训要求

培训要求见表 2-19。

表 2-19　培训要求

模块名称	0.4 kV 带电更换配电柜电容器	培训类别	操作类
培训方式	实操培训	培训学时	11 学时
培训目标	1. 熟悉 0.4 kV 带电更换配电柜电容器操作流程。 2. 能完成 0.4 kV 带电更换配电柜电容器操作		
培训场地	0.4 kV 低压带电作业实训线路		
培训内容	完成 0.4 kV 带电更换配电柜电容器操作		
适用范围	0.4 kV 绝缘手套作业法更换配电柜电容器工作		

(二)引用规程规范

GB/T 18857—2019　《配电线路带电作业技术导则》

GB/T 18269—2008　《交流 1 kV、直流 1.5 kV 及以下电压等级带电作业用绝缘手工工具》

Q/GDW 10520—2016　《10 kV 配网不停电作业规范》

Q/GDW 745—2012　《配电网设备缺陷分类标准》

Q/GDW 11261—2014　《配电网检修规程》

国家电网安质〔2014〕265 号　《国家电网公司电力安全工作规程(配电部分)(试行)》

(三)培训教学设计

本设计以完成"0.4 kV 绝缘手套作业法更换配电柜电容器工作"为工作任务,按工作任务的标准化作业流程来设计各个培训阶段,每个阶段包括了具体的培训目标、培训内容、培训学时、培训方法与资源、培训环境和考核评价等内容,如表 2-20 所示。

表 2-20 0.4 kV 带电更换配电柜电容器培训内容设计

序号	培训流程	培训目标	培训内容	培训学时	培训方法与资源	培训环境	考核评价
1	理论教学	1. 熟悉 0.4 kV 带电更换配电柜电容器器工器具及材料检查方法。 2. 熟悉旁路接地线装设方法。 3. 熟悉更换配电柜电容器操作方法	1. 正确检查本项目所涉及的个人防护用具、绝缘操作用具、个人工具和材料。 2. 旁路接地线装设、配电柜电容器更换操作流程	2	培训方法:讲授法。培训资源:PPT、相关规程规范	多媒体教室	考勤、课堂提问和作业
2	准备工作	能完成作业前准备工作	1. 作业现场查勘。 2. 编制培训标准化作业卡。 3. 填写培训带电工作票。 4. 完成本操作的工器具及材料准备	1	培训方法: 1. 现场查勘和工器具及材料清理采用现场实操方法。 2. 编写工作卡和填写工作票采用讲授方法。 培训资源: 1. 0.4 kV 实训线路。 2. 0.4 kV 带电作业工器具库房。 3. 空白工作票	1. 0.4 kV 带电作业实训线路。 2. 多媒体教室	
3	作业现场准备	能完成作业现场准备工作	1. 作业现场复勘。 2. 工作申请。 3. 作业现场布置。 4. 班前会召开。 5. 工器具及材料检查	1	培训方法:演示与角色扮演法。资源:1.0.4 kV 带电作业实训线路(配电箱)。 2. 工器具及材料	0.4 kV 带电作业实训线路(含配电箱)	

续表 2-20

序号	培训流程	培训目标	培训内容	培训学时	培训方法与资源	培训环境	考核评价
4	培训师演示	通过现场观摩,使学员初步领会本任务操作流程	1. 退出待更换的电容器组。 2. 对供电的配电箱设置绝缘遮蔽。 3. 对待更换的电容器组进行放电。 4. 对其他运行电容器组安装旁路接地线。 5. 更换电容器组。 6. 拆除旁路接地线。 7. 拆除绝缘遮蔽隔离装置。 8. 投入新电容器组	1	培训方法:演示法。 资源:0.4 kV带电作业实训线路	0.4 kV带电作业实训线路(含配电箱)	
5	学员分组训练	能完成带电更换配电柜电容器操作	1. 学员分组(10人一组)训练带电更换配电柜电容器技能操作。 2. 培训师对学员操作进行指导和安全监护	5	培训方法:角色扮演法。 资源: 1. 0.4 kV实训线路(含配电箱)。 2. 工器具和材料	0.4 kV带电作业实训线路(含配电箱)	采用技能考核评分细则对学员操作评分
6	工作终结	1. 使学员进一步辨析操作过程不足之处,便于后期提升。 2. 培训学员安全文明生产的工作作风	1. 作业现场清理。 2. 向调度汇报工作。 3. 召开班后会,对本次工作任务进行点评总结	1	培训方法:讲授和归纳法	作业现场	

(四)作业流程

1. 工作任务

安装旁路接地线,完成0.4 kV带电更换配电柜电容器操作。

2. 天气及作业现场要求

(1)0.4 kV绝缘手套作业法更换配电柜电容器作业应在良好的天气进行。如遇雷电(听见雷声、看见闪电)、雪、雹、雨、雾等,禁止进行带电作业。风力大于5级,或空气相对湿度大于80%时,不宜进行带电作业;恶劣天气下必须开展带电抢修时,应组织有关人员充分讨论并编制必要的安全措施,经本单位批准后方可进行。

(2)作业人员精神状态良好,无妨碍作业的生理和心理障碍。熟悉工作中保证安全的组织措施和技术措施;应持有在有效期内的低压带电作业资质证书。

(3)工作负责人应事先组织相关人员完成现场勘查,根据勘查结果做出能否进行不停电作业的判断,并确定作业方法及应采取的安全技术措施,确定本次作业方法和所需工器具,并办理带电作业工作票。

(4)作业现场应合理设置围栏,并妥当布置警示标示牌,禁止非工作人员入内。

3. 准备工作

1)危险点及其预控措施

(1)危险点——触电伤害。

预控措施:

①在工作中,工作负责人应履行监护职责,不得兼做其他工作,要选择便于监护的位置,监护的范围不得超过一个作业点。

②作业人员必须穿戴全套绝缘防护用具及防电弧服。

③配电柜内工作点附近带电部位应使用绝缘毯、绝缘隔板,设置绝缘遮蔽、隔离装置。

(2)危险点——现场管理混乱造成人身或设备事故。

预控措施:

①每项工作开始前、结束后,每组工作完成后,小组负责人应向现场总工作负责人汇报。

②旁路作业现场应有专人负责指挥施工,多班组作业时应做好现场的组织、协调工作。作业人员应听从工作负责人指挥。

③严格按照倒闸操作票进行操作,并执行唱票制。

④作业现场设置围栏并挂好警示标示牌。监护人员应随时注意,禁止非工作人员及车辆进入作业区域。

2）工器具及材料选择

0.4 kV绝缘手套作业法更换配电柜电容器所需工器具及材料见表2-21。工器具出库前，应认真核对工器具的使用电压等级和试验周期，并检查确认外观良好、连接牢固、转动灵活，且符合本次工作任务的要求；工器具出库后，应存放在工具袋或工具箱内进行运输，防止脏污、受潮；金属工具和绝缘工器具应分开装运，防止因混装运输导致工器具变形、损伤等现象发生。

表2-21　0.4 kV绝缘手套作业法更换配电柜电容器所需工器具及材料

序号	工器具名称		规格/型号	单位	数量	备注
1	个人防护用具	绝缘手套	0.4 kV	副	1	核相、倒闸操作、绝缘遮蔽用
2		安全帽		顶	9	
3		绝缘鞋		双	9	
4		双控背带式安全带		件	1	（如需要）
5		个人电弧防护用品		套	1	室外作业防电弧能力不小于6.8 cal/cm^2；配电柜等封闭空间作业不小于25.6 cal/cm^2
6	绝缘工器具	绝缘放电棒		副	1	对电容器放电用
7		绝缘毯		块	8	更换电容器时用
8		毯夹		只	16	
9		绝缘横担		副	2	
10		绝缘隔板		块	2	更换电容器时用
11	旁路作业装备	旁路接地线	0.4 kV		若干	根据现场实际长度配置
12	个人工器具	绝缘扳手		把	1	
13		活络扳手		把	1	
14		个人手工工具		套	1	
15		验电器	0.4 kV	支	1	
16		围栏、安全警示牌等			若干	根据现场实际情况确定
17	材料	线夹		只	4	
18		电容器		组	1	

3)作业人员分工

0.4 kV带电更换配电柜电容器作业人员分工如表2-22所示。

表2-22　0.4 kV带电更换配电柜电容器作业人员分工

序号	工作岗位	数量/人	工作职责
1	工作负责人	1	负责本次工作任务的人员分工、工作票的宣读、办理工作许可手续、召开工作班前会、工作中突发情况的处理、工作质量的监督、工作后的总结
2	不停电作业成员	1	负责更换配电柜电容器
3	倒闸操作人员	1	负责开关倒闸操作

4. 工作程序

0.4 kV带电更换配电柜电容器工作流程如表2-23所示。

表2-23　0.4 kV带电更换配电柜电容器工作流程

序号	作业内容	作业步骤及标准	安全措施及注意事项	责任人
1	现场复勘	(1)现场核对0.4 kV线路配电箱名称及编号,确认箱体有无漏电现象,现场是否满足作业条件。 (2)检测风速、湿度等现场气象条件是否符合作业要求。 (3)检查带电作业工作票所列安全措施与现场实际情况是否相符,必要时予以补充	(1)正确穿戴安全帽、工作服、工作鞋、劳保手套。 (2)0.4 kV线路配电箱双重名称核对无误。 (3)现场气象条件满足作业要求。 (4)现场作业条件满足工作票要求,安全措施完备。 (5)严禁非工作人员、车辆进入作业现场	
2	工作许可	(1)工作负责人向设备运行单位申请许可工作。 (2)经值班调控人员许可后,方可开始带电作业	(1)汇报内容为工作负责人姓名、工作的作业人员、工作任务和计划工作时间。 (2)经值班调控人员许可后方可开始工作	
3	现场布置	(1)正确装设安全围栏并悬挂标示牌:安全围栏范围内应充分考虑高处坠物,以及对道路交通的影响。 (2)安全围栏出入口设置合理,进出口要布置"从此进出""在此工作"等标示牌。 (3)作业人员将工器具和材料放在清洁、干燥的防潮苫布上	(1)对道路交通安全影响不可控时,应及时联系交通管理部门强化现场交通安全管控。 (2)安全围栏、标示牌设置合理。 (3)工器具应分类摆放。 (4)绝缘工器具不能与金属工具、材料混放	

续表 2-23

序号	作业内容	作业步骤及标准	安全措施及注意事项	责任人
4	召开班前会	（1）全体工作成员列队。 （2）工作负责人宣读工作票,明确工作任务及人员分工;讲解工作中的安全措施和技术措施;查(问)全体工作成员精神状态;告知工作中存在的危险点及采取的预控措施。 （3）全体工作成员在带电作业工作票上签名确认	（1）工作票填写、签发和许可手续规范,签名完整。 （2）全体工作成员精神状态良好。 （3）全体工作成员明确任务分工、安全措施和技术措施	
5	检查绝缘工器具及个人防护用品	（1）对绝缘工具、防护用具外观和试验合格证进行检查,并检测其绝缘性能。 （2）作业人员穿戴个人安全防护用品	（1）金属、绝缘工具使用前,应仔细检查其是否损坏、变形、失灵。绝缘工具应使用 2 500 V 及以上绝缘电阻表进行分段绝缘检测,阻值应不低于 700 MΩ,并在试验周期内,用清洁干燥的毛巾将其擦拭干净。 （2）作业人员穿戴个人安全防护用品正确	
6	验电	（1）作业电工使用验电器对配电柜内线路进行验电,确认无漏电现象。 （2）作业电工使用验电器对配电柜外壳进行验电	（1）验电顺序正确。 （2）作业人员验电必须戴绝缘手套	
7	退出待更换的电容器组	断开待更换电容器组的空气开关	确认空气开关和接触器已断开	
8	设置绝缘遮蔽	倒闸操作人员对配电箱可能触及的带电部位设置绝缘遮蔽隔板	绝缘遮蔽措施应严密和牢固	
9	待更换的电容器组放电	作业电工使用放电棒对待更换的电容器组进行放电	（1）放电棒应先接好接地端。 （2）应对电容器组的三相逐相充分放电	
10	安装旁路接地线	作业电工安装旁路接地线	（1）应确保其他运行电容器组的接地良好。 （2）旁路接地线应安装可靠	

续表 2-23

序号	作业内容	作业步骤及标准	安全措施及注意事项	责任人
11	更换电容器组	(1)拆除电容器组的三相连接线。 (2)开断并拆除待更换电容器组的接地线。 (3)拆除旧电容器组,安装新电容器组。 (4)恢复电容器组的三相连接线,恢复电容器组的接地线	(1)三相连接线应有相色标记,防止错接。 (2)接线工艺符合有关要求,连接应牢固、可靠。 (3)新电容器组应安装牢固,连接可靠	
12	拆除旁路接地线	作业电工拆除旁路接地线	注意动作幅度不应过大	
13	拆除绝缘遮蔽隔离装置	(1)作业电工拆除绝缘毯、绝缘隔板等绝缘遮蔽隔离装置。 (2)关闭配电柜柜门	按照"由远及近"的顺序拆除绝缘遮蔽隔离装置	
14	投入新电容器组	合上新电容器组的空气开关	确认空气开关和接触器已合上	
15	施工质量检查	工作负责人检查作业质量	全面检查作业质量,无遗漏的工具、材料等	
16	工作结束	(1)工作负责人检查工作现场,整理工器具。 (2)办理工作终结手续。 (3)召开班后会	(1)工作负责人全面检查工作完成情况。 (2)工作负责人向调度(工作许可人)汇报工作结束,终结工作票。 (3)工作负责人组织召开班后会,做工作总结和作业点评工作	

二、考核标准

国网四川省电力公司 0.4 kV 配网不停电作业技能考核评分细则见表 2-24。

表2-24 国网四川省电力公司0.4 kV配网不停电作业技能考核评分细则

考生填写栏	编号:	姓名:	所在岗位:	日期: 年 月 日
考评员填写栏	成绩:	考评员:	考评组长:	开始时间: 结束时间: 操作时长:
考核模块	更换配电柜电容器	考核对象	0.4 kV配网不停电作业人员	考核方式 操作 考核时限 90 min

任务描述

安装旁路接地线,完成0.4 kV带电更换配电柜电容器操作

工作规范及要求

1. 带电作业应在良好天气下进行。如遇雷、雨、雪、雾天气不得进行带电作业。风力大于5级,湿度大于80%时,一般不宜进行带电作业。
2. 本项作业需工作人员1名,电缆不停电作业人员1人,倒闸操作人员1人,进行0.4 kV带电更换配电柜电容器。
3. 工作负责人职责:负责本次工作任务的人员分工,工作票的宣读、线路停用重合闸的办理,工作许可手续的办理,工作班前会的召开,工作中突发情况的处理,工作质量的监督,工作后情况的总结。
4. 电缆不停电作业人员职责:负责带电更换配电柜电容器工作。
5. 倒闸操作人员职责:负责开关倒闸操作。
6. 在带电作业中,如遇雷、雨、大风或其他任何情况威胁到工作人员的安全时,工作负责人或监护人可根据情况临时停止工作。

给定条件:
1. 培训基地:0.4 kV低压线路(带配电箱)。
2. 带电作业工作票已办理,安全措施已经完备,工作开始,工作结束时应口头提出申请(调度或考评员)。
3. 绝缘工器具和个人防护用具等。
4. 必须按工作程序进行操作,工序错误扣除应做项目分值,如出现重大人身、器材和操作安全隐患,考评员可下令终止操作(考核)

考核情景准备

1. 线路:0.4 kV低压配电线路(带配电箱)。工作内容:更换配电柜电容器。
2. 所需作业工器具:个人防护用具、绝缘工器具、个人工器具。
3. 作业现场做好监护工作,作业现场安全措施(围栏等)已全部落实;禁止非作业人员进入现场,工作人员进入作业现场必须戴安全帽。
4. 考生自备工作服,阻燃纯棉内衣、安全帽、绝缘手套

备注

1. 各项目得分均扣完为止,如出现重大人身、器材和操作安全隐患,考评员可下令终止操作。
2. 如设备、作业环境、安全帽、工器具、绝缘工具等不符合作业条件,考评员可下令终止操作

续表 2-24

序号	项目名称	质量要求	分值	扣分标准	扣分原因	扣分	得分
1	现场复勘	1)工作负责人到作业现场核对0.4 kV线路配电箱名称及编号,确认箱体有无漏电现象,现场是否满足作业条件。 2)检测风速、湿度等现场气象条件符合作业要求。 3)检查地形环境是否满足0.4 kV发电车或应急电源车安置条件。 4)检查所列带电作业工作票填写完整,无涂改,检查所列安全措施与现场实际情况是否相符,必要时予以补充。	8	1)未核对双重称号扣1分。 2)未核实现场工作条件(气象)缺陷部位扣1分。 3)工作票填写出现涂改,每项扣0.5分;工作票编号有误,扣1分;工作票填写不完整,扣1.5分。			
2	工作许可	1)工作负责人向设备运行单位申请许可工作。 2)经值班调整人员许可后,方可开始带电作业。	2	1)未联系运行部门(裁判)申请工作扣2分。 2)汇报专业用语不规范或不完整的各扣0.5分。			
3	现场布置	正确装设安全围栏并悬挂标示牌: 1)安全围栏范围应充分考虑高处坠物,以及对道路交通的影响,安全围栏出入口设置合理。 2)妥当布置"从此进出""在此工作"等标示。 3)作业人员将工器具和材料放在清洁、干燥的防潮苫布上。	5	1)作业现场未装设围栏扣0.5分。 2)未设立警示牌扣0.5分。 3)工器具未分类摆放扣2分。			

续表 2-24

序号	项目名称	质量要求	分值	扣分标准	扣分原因	扣分	得分
4	召开班前会	1)全体工作成员正确穿戴安全帽、工作服。 2)工作负责人穿红色背心,宣读工作票,明确工作任务及人员分工;讲解工作中的安全措施和技术措施;查(问)全体工作成员的精神状态;告知工作中存在的危险点及采取的预控措施。 3)全体工作成员在工作票上签名确认。	5	1)工作人员着装不整齐扣 0.5 分。 2)未进行分工未项不得分,分工不明扣 1 分。 3)现场工作负责人未穿安全监护背心扣 0.5 分。 4)工作票上工作班成员未签字或签字不全的扣 1 分			
5	工器具检查	1)工作人员按要求将工器具放在防潮苫布上;防潮苫布应清洁、干燥。 2)工器具应按定置管理要求分类摆放;绝缘工器具不能与金属工具、材料混放;对工器具进行外观检查。 3)绝缘工具表面不应磨损、变形、损坏,操作应灵活。绝缘工具应使用 2 500 V 及以上绝缘电阻表进行分段绝缘检测,阻值应不低于 700 MΩ,并用清洁干燥的毛巾将其擦拭干净。 4)作业人员正确穿戴个人安全防护用品,工作负责人应认真检查是否穿戴正确	10	1)未使用防潮苫布并定置摆放工器具扣 1 分。 2)未检查工器具试验合格标签扣 0.5 分。 3)未正确使用检测仪器对工器具进行检测每项扣 1 分。 4)作业人员未正确穿戴安全防护用品,每人次扣 2 分			

续表 2-24

序号	项目名称	质量要求	分值	扣分标准	扣分原因	扣分	得分
6	验电	1)作业电工使用验电器对配电柜内线路进行验电。 2)作业电工使用验电器对配电柜外壳进行验电,确认无漏电现象	6	1)未进行验电扣5分。 2)未对配电柜内线路进行验电扣3分。 3)未对配电柜外壳进行验电扣3分			
7	退出待更换的电容器组	断开待更换电容器组的空开关	4	未确认空气开关已断开扣2分			
8	设置绝缘遮蔽	倒闸操作人员对配电箱可能触及的带电部位设置绝缘遮蔽隔板	8	1)未进行绝缘遮蔽扣8分。 2)绝缘遮蔽措施不严密,不牢每处扣2分			
9	待更换的电容器组放电	作业电工使用放电棒对待更换的电容器组进行放电	4	1)未对电容器放电扣4分。 2)放电棒未先接好接地端扣1分。 3)未充分放电扣2分			
10	安装旁路接地线	作业电工安装旁路接地线	8	1)未安装旁路接地线扣8分。 2)旁路接地线安装不可靠,每处扣4分			
11	更换电容器组	1)拆除电容器组的三相连接线。 2)开断并拆除待更换电容器组的接地线。 3)拆除旧电容器组,安装新电容器组。 4)恢复电容器组的三相连接线,恢复电容器组的接地线	12	1)三相连接线未设置相色标记扣4分。 2)接线、连接不牢固,不可靠,每处扣2分。 3)新电容器组安装不牢固,连接不可靠扣4分			

续表 2-24

序号	项目名称	质量要求	分值	扣分标准	扣分原因	扣分	得分
12	拆除旁路接地线	作业电工拆除旁路接地线	8	1）未完整拆除旁路接地线扣 8 分。 2）动作幅度过大扣 2 分。			
13	拆除绝缘遮蔽隔离装置	1）作业电工拆除绝缘毯、绝缘隔板等绝缘遮蔽隔离装置。 2）关闭配电柜柜门。	8	1）未按照"由远及近"的顺序拆除绝缘遮蔽隔离措施扣 4 分。 2）未关闭配电柜门扣 4 分。			
14	投入新电容器组	合上新电容器组的空气开关	2	未确认空气开关和接触器已合上扣 2 分。			
15	工作结束	1）工作负责人组织班组成员清理现场。 2）召开班后会，工作负责人做工作总结和点评工作。 3）评估本项工作的施工质量。 4）点评班组成员在作业中安全措施的落实情况。 5）点评班组成员对规程规范的执行情况。 6）办理带电作业工作票终结手续	10	1）工器具未清理扣 2 分。 2）工器具有遗漏后会扣 2 分。 3）未开班后会扣 2 分。 4）未拆除围栏扣 2 分。 5）未办理带电工作票终结手续扣 2 分			
16	合计		100				

第五节　0.4 kV 低压配电柜(房)带电更换刀熔式低压分支熔断器

一、培训标准

(一)培训要求

培训要求见表2-25。

表 2-25　培训要求

模块名称	0.4 kV 低压配电柜(房)带电更换刀熔式低压分支熔断器	培训类别	操作类
培训方式	实操培训	培训学时	11 学时
培训目标	1. 熟悉 0.4 kV 低压配电柜(房)绝缘手套作业法带电更换刀熔式低压分支熔断器操作流程。 2. 能完成 0.4 kV 低压配电柜(房)绝缘手套作业法带电更换刀熔式低压分支熔断器操作		
培训场地	0.4 kV 低压带电作业实训基地		
培训内容	0.4 kV 低压配电柜(房)绝缘手套作业法带电更换刀熔式低压分支熔断器操作		
适用范围	0.4 kV 低压配电柜(房)绝缘手套作业法带电更换刀熔式低压分支熔断器		

(二)引用规程规范

GB/T 18857—2019　《配电线路带电作业技术导则》

DL/T 320—2010　《个人电弧防护用品通用技术要求》

GB 17622—2008　《带电作业用绝缘手套》

GB/T 18269—2008　《交流 1 kV、直流 1.5 kV 及以下电压等级带电作业用绝缘手工工具》

DL/T 878—2004　《带电作业用绝缘工具试验导则》

Q/GDW 1519—2014　《配电网运维规程》

Q/GDW 745—2012　《配电网设备缺陷分类标准》

Q/GDW 11261—2014　《配电网检修规程》

国家电网安质〔2014〕265 号《国家电网公司电力安全工作规程(配电部分)(试行)》

（三）培训教学设计

本设计以完成"0.4 kV低压配电柜（房）带电更换刀融式低压分支熔断器"为工作任务，按工作任务的标准化作业流程来设计各个培训阶段，每个阶段包括了具体的培训目标、培训内容、培训学时、培训方法与资源、培训环境和考核评价等内容，如表2-26所示。

（四）作业流程

1. 工作任务

0.4 kV低压配电柜（房）绝缘手套作业法带电更换刀融式低压分支熔断器操作。

2. 天气及作业现场要求

（1）应在良好的天气进行作业。如遇雷电（听见雷声、看见闪电）、雪、雹、雨、雾等，禁止进行带电作业。风力大于5级，或空气相对湿度大于80%时，不宜进行带电作业；恶劣天气下必须开展带电抢修时，应组织有关人员充分讨论并编制必要的安全措施，经本单位批准后方可进行。

（2）作业人员精神状态良好，无妨碍作业的生理和心理障碍。熟悉工作中保证安全的组织措施和技术措施；应持有在有效期内的低压带电作业资质证书。

（3）工作负责人应事先组织相关人员完成现场勘查，根据勘查结果做出能否进行不停电作业的判断，并确定作业方法及应采取的安全技术措施，确定本次作业方法和所需工器具，并办理带电作业工作票。

（4）作业现场应该确认设备安装位置，能否满足0.4 kV低压配电柜（房）绝缘手套作业法带电更换刀融式低压分支熔断器操作条件。

（5）作业现场应合理设置围栏，并妥当布置警示标示牌，禁止非工作人员入内。

3. 准备工作

1）危险点及其预控措施

（1）危险点——触电伤害。

预控措施：

①在工作中，工作负责人应履行监护职责，不得兼做其他工作，要选择便于监护的位置，监护的范围不得超过一个作业点。

②打开箱体前，要用低压声光验电器测试箱体外壳确无电压。

③更换熔断器前，要对熔断器及熔断件的烧断原因进行排查处理，确保后端负荷侧无故障。

④对作业点附近的带电部位进行绝缘遮蔽。

⑤监护人员应时刻提醒作业人员头部不得超出控制柜上端。

⑥作业人员应时刻注意不能同时接触不同电位的物体。

表 2-26　0.4 kV 低压配电柜(房)带电更换刀熔式低压分支熔断器

序号	培训流程	培训目标	培训内容	培训学时	培训方法与资源	培训环境	考核评价
1	理论教学	1. 熟悉 0.4 kV 低压配电柜(房)绝缘手套作业法带电更换刀熔式低压分支熔断器工器具及材料检查方法。 2. 熟悉 0.4 kV 低压配电柜(房)绝缘手套作业法带电更换刀熔式低压分支熔断器方法	1. 本项目所涉及个人防护用具、绝缘操作用具、低压电气设备、个人工具和材料检查方法。 2. 0.4 kV 低压配电柜(房)绝缘手套作业法带电更换刀熔式低压分支熔断器操作流程	2	培训方法:讲授法。 培训资源:PPT、相关规程规范	多媒体教室	考勤、课堂提问和作业
2	准备工作	能完成作业前准备工作	1. 作业现场查勘。 2. 编制培训标准化作业卡。 3. 填写培训带电作业工作票。 4. 完成本操作的工器具及材料准备	1	培训方法: 1. 现场查勘和工器具及材料清理采用现场实操方法。 2. 编写作业卡和填写工作票采用讲授方法。 培训资源: 1. 0.4 kV 带电实训基地(含配电箱)。 2. 0.4 kV 带电作业工器具库房。 3. 低压电气设备。 4. 空白工作票	1. 0.4 kV 带电作业实训基地。 2. 多媒体教室	

续表 2-26

序号	培训流程	培训目标	培训内容	培训学时	培训方法与资源	培训环境	考核评价
3	作业现场准备	能完成作业现场准备工作	1. 作业现场复勘。 2. 工作申请。 3. 作业现场布置。 4. 班前会召开。 5. 工器具及材料检查	1	培训方法:演示与角色扮演法。 资源: 1. 0.4 kV 带电实训基地(含配电箱)。 2. 低压电气设备。 3. 工器具及材料	0.4 kV 带电作业实训基地(含配电箱)	
4	培训师演示	通过现场观摩,学员初步领会本任务的操作流程	1. 设置绝缘平台/绝缘梯。 2. 作业电工进入电场。 3. 作业电工拉开熔断件及设置绝缘遮蔽。 4. 更换刀熔式熔断器。 5. 搭接下桩头出线端头。 6. 拆除绝缘遮蔽。 7. 推上熔断件	1	培训方法:演示法。 资源: 1. 0.4 kV 带电实训基地(含配电箱)。 2. 低压电气设备。 3. 工器具和材料	0.4 kV 带电实训基地(含配电箱)	
5	学员分组训练	学员完成 0.4 kV 低压配电柜(房)绝缘手套作业法带电更换刀熔式低压分支熔断器操作	1. 学员分组(2 人一组)训练。 0.4 kV 低压配电柜(房)绝缘手套作业法带电套作业法低压分支熔断器操作。 培训师对学员操作进行指导和安全监护	5	培训方法:角色扮演法。 资源: 1. 0.4 kV 带电实训基地(含配电箱)。 2. 低压电气设备。 3. 工器具和材料	0.4 kV 带电实训基地(含配电箱)	采用技能考核评分细则对学员操作评分
6	工作终结	1. 使学员进一步辨析操作过程中的不足之处,便于后期提升。 2. 培训学员安全文明生产的工作作风	1. 作业现场清理。 2. 向调度汇报工作。 3. 召开班后会,对本次工作任务进行点评总结	1	培训方法:讲授和归纳法	作业现场	

⑦使用绝缘遮蔽套对刀熔出线端线头进行绝缘遮蔽。

(2)危险点——设备损坏。

预控措施:

①刀熔出线端取下后,应进行固定,防止脱落。

②配合人员向作业人员传递材料时,要使用绝缘绳索。

(3)危险点——高处坠落。

预控措施:

①高空作业人员正确使用安全带,安全带的挂钩要挂在牢固的构件上。

②作业区域必须设置安全围栏和警示牌,防止行人通过。

③低压带电作业平台应专人扶持。

2)工器具及材料选择

0.4 kV 低压配电柜(房)带电更换刀熔式低压分支熔断器所需工器具及材料见表 2-27。工器具出库前,应认真核对工器具的使用电压等级和试验周期,并检查确认外观良好、连接牢固、转动灵活,且符合本次工作任务的要求;工器具出库后,应存放在工具袋或工具箱内进行运输,防止脏污、受潮;金属工具和绝缘工器具应分开装运,防止因混装运输导致工器具变形、损伤等现象发生。

表 2-27　0.4 kV 低压配电柜(房)带电更换刀熔式低压分支熔断器所需工器具及材料

序号	工器具名称		规格/型号	单位	数量	备注
1	个人防护用具	绝缘手套(含防电弧手套)	0.4 kV	副	1	核相、倒闸操作、绝缘遮蔽用
2		绝缘鞋		双	1	
3		安全帽		顶	1	
4		双控背带式安全带		件	1	如需要
5		个人电弧防护用品		套	1	室外作业防电弧能力不小于 6.8 cal/cm^2;配电柜等封闭空间作业不小于 25.6 cal/cm^2
6	绝缘工器具	绝缘平台/绝缘梯	10 kV	个	1	主绝缘
7		绝缘绳	5 m	根	1	根据现场实际需要配置
8		绝缘夹			3	夹持取下的避雷引线
9	绝缘遮蔽工具	相间绝缘隔板	0.4 kV	块	2	
10		绝缘遮蔽套				刀熔出线头遮蔽使用
11		绝缘遮蔽罩	小型		若干	夹持式

续表 2-27

序号	工器具名称		规格/型号	单位	数量	备注
12	个人工器具	个人手工工具		套	1	
13	仪器仪表	钳型电流表		只	1	
14		声光验电器	0.4 kV	支	1	
15		温湿度计及风速仪		只	1	
16	其他工器具	围栏、安全警示牌等			若干	根据现场实际情况确定
17		防潮垫或毡布	1 m×2 m	块	1	
18	材料	相色带		卷	3	黄、绿和红各 1 卷

3）作业人员分工

0.4 kV 低压配电柜（房）带电更换刀融式低压分支熔断器作业人员分工如表 2-28 所示。

表 2-28　0.4 kV 低压配电柜（房）带电更换刀融式低压分支熔断器作业人员分工

序号	工作岗位	数量/人	工作职责
1	工作负责人	1	负责本次工作任务的人员分工、工作票的宣读、工作许可手续的办理、工作班前会的召开、工作中突发情况的处理、工作质量的监督、工作后的总结
2	作业电工	1	负责设置绝缘遮蔽措施、更换刀融式分支熔断器
3	辅助电工	1	负责配合作业人员其他的辅助工作

4. 工作程序

0.4 kV 低压配电柜（房）带电更换刀融式低压分支熔断器工作流程如表 2-29 所示。

表 2-29   0.4 kV 低压配电柜(房)带电更换刀融式低压分支熔断器工作流程

序号	作业内容	作业步骤及标准	安全措施及注意事项	责任人
1	现场复勘	(1)现场核对 0.4 kV 线路配电柜(房)名称及编号,确认箱体有无漏电现象,现场是否满足作业条件。 (2)检测湿度等现场气象条件是否符合作业要求。 (3)检查带电作业工作票所列安全措施与现场实际情况是否相符,必要时予以补充	(1)正确穿戴安全帽、工作服、工作鞋、劳保手套。 (2)0.4 kV 线路配电柜(房)双重名称核对无误。 (3)不得在危及作业人员安全的气象条件下作业。 (4)现场作业条件满足工作票要求,安全措施完备。 (5)严禁非工作人员、车辆等进入作业现场	
2	工作许可	(1)工作负责人向设备运行单位申请许可工作。 (2)经值班调控人员许可后,方可开始带电作业	(1)汇报内容为工作负责人姓名、工作内容、工作任务和计划工作时间。 (2)未经值班调控人员许可不得开始工作	
3	现场布置	(1)安全围栏范围内应充分考虑高处坠物。 (2)安全围栏出入口设置合理,并布置"从此进出""在此工作"等标示牌。 (3)作业人员将工器具和材料放在清洁、干燥的防潮苫布上	(1)安全围栏、标示牌设置合理。 (2)工器具应分类摆放,绝缘工器具不能与金属工具、材料混放	
4	召开班前会	(1)全体工作成员列队。 (2)工作负责人宣读工作票,明确工作任务及人员分工;讲解工作中的安全措施和技术措施;查(问)全体工作成员精神状态;告知工作中存在的危险点及采取的预控措施。 (3)全体工作成员在带电作业工作票上签名确认	(1)工作票填写、签发和许可手续规范,签名完整。 (2)全体工作成员精神状态良好。 (3)全体工作成员明确任务分工、安全措施和技术措施	

续表 2-29

序号	作业内容	作业步骤及标准	安全措施及注意事项	责任人
5	检查绝缘工器具及个人防护用品	(1)对绝缘工具、防护用具外观和试验合格证检查,并检测其绝缘性能。 (2)作业人员穿戴个人安全防护用品	(1)金属、绝缘工具使用前,应仔细检查其是否损坏、变形、失灵。绝缘工具应使用 2 500 V 及以上绝缘电阻表进行分段绝缘检测,阻值应不低于 700 MΩ,并在试验周期内,用清洁干燥的毛巾将其擦拭干净。 (2)作业人员穿戴个人安全防护用品正确	
6	检查设备	设备外观检查和绝缘电阻测试	设备外观和绝缘电阻检测合格	
7	设置绝缘平台/绝缘梯	低压带电作业平台/绝缘梯应设置在合适的位置	低压带电作业平台/绝缘梯设置的位置要满足带电作业人员的作业要求,不能设置在凸凹不平的地方,设置好后要有专人扶持,低压带电作业平台移动时,上方不得站人	
8	作业电工进入电场	作业电工向工作负责人报告准备就绪,申请进行工作,工作负责人同意后,作业电工方可登上带电作业平台/绝缘梯	地面电工应先扶好绝缘平台/绝缘梯后,作业电工才能登上,传递工器具和材料要使用绝缘绳索	
9	作业电工拉开熔断件及设置绝缘遮蔽	(1)作业电工对工作点带电体、接地体设置绝缘遮蔽。 (2)作业电工拉开熔断件,取下熔断件并取下绝缘外壳。 (3)作业电工取下熔断器下桩头的出线端头并用绝缘遮蔽套包裹出线端头,防止反送电。 (4)出线端头取下后,立即对熔断器下桩头进行绝缘遮蔽	(1)拉开熔断件的速度要快,拉开断件时,注意人体与带电体保持一定的安全距离。 (2)遮蔽罩要将临近带电部位和接地体完全遮蔽,遮蔽夹安装要牢固可靠,防止脱落。 (3)设置绝缘遮蔽时,按照先近后远、先下后上、先带电体后接地体的顺序进行	

续表 2-29

序号	作业内容	作业步骤及标准	安全措施及注意事项	责任人
10	更换刀融式熔断器	(1)取下刀融式上桩头的绝缘遮蔽。 (2)设置绝缘隔板,逐相拆下上桩头的紧固螺栓。 (3)拆除底座外层。 (4)继续使用绝缘隔板保护,逐相拆下底座内层的紧固螺栓。 (5)拆除避雷器连接线。 (6)取下底座。 (7)更换底座	(1)绝缘隔板应设置稳定,防止脱落,必要时可以由专人扶持。 (2)拆除避雷器引线后立即用绝缘夹将避雷器引线固定。 (3)更换底座时,注意人体不能同时接触不同电位的物体。 (4)更换完底座后,应立即对上桩头恢复绝缘遮蔽	
11	搭接下桩头出线端头	将熔断器出线端头的绝缘遮蔽套依次拆除,并将出线端头接入熔断器的下桩头	在接入过程中,应视出线端头为带电体,应时刻注意人体不能同时接触两相或同时接触未遮蔽的接地体	
12	拆除绝缘遮蔽	将工作地点的绝缘遮蔽依次拆除	拆除绝缘遮蔽的顺序与设置绝缘遮蔽的顺序相反	
13	推上熔断件	将新的熔断件挂好后与上桩头闭合	闭合熔断件的速度要快,推上熔断件时,注意人体与带电体保持一定的安全距离	
14	施工质量检查	工作负责人检查作业质量	全面检查作业质量,无遗漏的工具、材料等	
15	工作结束	(1)工作负责人检查工作现场,整理工器具。 (2)办理工作终结手续。 (3)召开班后会	(1)工作负责人全面检查工作完成情况。 (2)工作负责人向调度(工作许可人)汇报工作结束,终结工作票。 (3)工作负责人组织召开班后会,做工作总结和作业点评工作	

二、考核标准

国网四川省电力公司 0.4 kV 配网不停电作业技能培训考核评分细则见表 2-30。

表2-30 国网四川省电力公司0.4 kV配网不停电作业技能培训考核评分细则

考生填写栏	所在岗位:		编号:	姓名:
考评员填写栏	考评组长:		成绩:	考评员:

考核模块	0.4 kV 低压配电柜(房)带电更换刀融式低压分支熔断器

单位:	开始时间:	结束时间:	日期: 年 月 日	操作时长:

考核对象	0.4 kV 配网不停电作业人员	考核方式	操作
		考核时限	90 min

任务描述

完成0.4 kV 低压配电柜(房)带电更换刀融式低压分支熔断器操作

工作规范及要求

1. 带电作业应在良好天气下进行。如遇雷、雨、雪、雾天气不得进行带电作业。风力大于5级，湿度大于80%时，一般不宜进行带电作业。
2. 本项需作业人员1名，作业负责人1名，辅助电工1人，完成0.4 kV 低压配电柜(房)带电更换刀融式低压分支熔断器操作。
3. 工作负责人职责:负责本次工作任务的人员分工,工作票的宣读、线路停用重合闸前合闸的办理,工作许可手续的办理,工作班前会的召开,工作中突发情况的处理,工作质量的监督,工作后的总结。
4. 作业电工职责:负责设置绝缘遮蔽装置,更换刀融式低压分支熔断器。
5. 辅助电工:负责配合作业人员其他的辅助工作。
6. 在带电作业中,如遇雷、雨、大风或其他任何情况威胁到工作人员的安全时,工作负责人或监护人可根据情况,临时停止工作。

给定条件:

1. 培训基地:0.4 kV 带电实训基地(含配电箱)。
2. 带电作业工作票已办理,安全措施已经完备,工作开始,工作结束时应口头提出申请(调度或考评员)。
3. 低压电气设备/绝缘平台/绝缘梯,绝缘工器具和个人防护用具等。
4. 必须按工作程序进行操作,工序错误操作和操作安全隐患,如出现重大人身,器材和操作安全隐患,考评员可下令终止操作(考核)。

考核情景背景准备

1. 线路:0.4 kV 带电实训基地(含电箱)。工作内容:完成0.4 kV 低压配电柜(房)带电更换刀融式低压分支熔断器操作。
2. 所需作业工器具:低压电气设备,绝缘平台/绝缘梯,个人防护用具,绝缘工器具,个人工器具。
3. 作业现场做好监护工作,作业现场安全措施(围栏等)已全部落实;禁止非作业人员进入作业现场,工作人员进入作业现场必须戴安全帽。
4. 考生自备工作服,阻燃纯棉内衣,安全帽,安全帽,绝缘工具,线手套。

备注

1. 各项目得分均以扣完为止,如出现重大人身,器材和操作安全隐患,考评员可下令终止操作。
2. 如设备、作业环境,工器具,绝缘工具和低压电气设备等不符合作业条件,考评员可下令终止操作

续表 2-30

序号	项目名称	质量要求	分值	扣分标准	扣分原因	扣分	得分
1	现场复勘	1)现场核对 0.4 kV 线路配电柜(房)名称及编号,确认箱体有无漏电现象,现场是否满足作业条件。 2)带电作业工作票应填写完整,无涂改,检查所列安全措施与现场实际情况是否相符,必要时予以补充。 3)检测风速、湿度等现场气象条件是否符合作业要求	8	1)未进行核对双重名称号扣 2 分。 2)未核实现场工作条件(气象)、缺略部位扣 2 分。 3)工作票填写出现涂改,每项扣 1 分;工作票编号有误,扣 1 分;工作票填写不完整,扣 2 分			
2	工作许可	1)工作负责人向设备运行单位申请许可工作。 2)经值班调控人员许可后,方可开始带电作业	2	1)未联系运行部门(裁判)申请工作扣 2 分。 2)汇报专业用语不规范或不完整的各扣 0.5 分			
3	现场布置	正确装设安全围栏并悬挂指示牌: 1)安全围栏范围应充分考虑高处坠物,以及对道路交通的影响,安全围栏出入口设置合理。 2)妥当布置"从此进出""在此工作"等标示。 3)作业人员应将工器具和材料放在清洁、干燥的防潮苫布上	5	1)作业现场未装设围栏扣 2 分。 2)未设立警示牌扣 1 分。 3)工器具未分类摆放扣 2 分			
4	召开班前会	1)全体工作成员正确穿戴安全帽、工作服。 2)工作负责人穿红色背心,宣读工作票,明确工作任务及人员分工;讲解工作中的安全措施和技术措施;查(问)全体成员的精神状态;告知工作中存在的危险点及采取的预控措施。 3)全体工作成员在工作票上签名确认	5	1)工作人员着装不整齐扣 1 分。 2)未进行分工或工作项不得分,分工不明扣 2 分。 3)现场工作负责人未穿安全监护背心扣 1 分。 4)工作票上工作班成员未签字或签字不全的扣 1 分			

续表 2-30

序号	项目名称	质量要求	分值	扣分标准	扣分原因	扣分	得分
5	工器具检查	1) 工作人员按要求将工器具放在防潮苫布上;防潮苫布应清洁、干燥。 2) 工器具应按定置管理要求分类摆放;绝缘工器具不能与金属工具、材料混放;对工器具进行外观检查。 3) 绝缘工具表面不应磨损、变形、损坏、操作应灵活。绝缘工具应使用 2 500 V 及以上绝缘电阻表进行分段绝缘检测,阻值应不低于 700 MΩ,并用清洁干燥的毛巾将其擦拭干净。 4) 作业人员正确穿戴个人安全防护用品,工作负责人应认真检查是否穿戴正确	10	1) 未使用防潮苫布并定置摆放工器具扣 2 分。 2) 未检查工器具试验合格标签及外观每项扣 1 分。 3) 未正确使用检测仪器对工器具进行检测每项扣 2 分。 4) 作业人员未正确穿戴安全防护用品,每人次扣 1 分			
6	检查设备	设备外观检查和绝缘电阻测试	10	未检查新设备扣 10 分,检查不正确扣 5 分			
7	设置绝缘平台/绝缘梯	低压带电作业平台/绝缘梯应设置在合适的位置	5	1) 设置位置不合理扣 3 分。 2) 辅助电工未扶绝缘梯扣 2 分			
8	作业电工进入电场	作业电工向工作负责人报告准备就绪,申请进行工作。工作负责人同意后,作业电工方可登上带电作业平台/绝缘梯	5	1) 进场未报告扣 5 分。 2) 负责人未同意扣 3 分			
9	作业电工拉开熔断件及设置绝缘遮蔽	1) 作业电工对工作点带电体、接地体设置绝缘遮蔽。 2) 作业电工拉开熔断件,取下熔断件并取下绝缘外壳。 3) 作业电工取下熔断器下桩头的出线端头并用绝缘遮蔽套包裹出线端头,防止反送电。 4) 出线端头取下后,立即对熔断器下桩头进行绝缘遮蔽	5	1) 遮蔽顺序错误扣 3 分。 2) 绝缘遮蔽措施不严密和牢固,每处扣 1 分			

续表 2-30

序号	项目名称	质量要求	分值	扣分标准	扣分原因	扣分	得分
10	更换刀熔式熔断器	1)取下刀熔式上桩头的绝缘遮蔽。2)设置绝缘隔板，逐相拆下上桩头的紧固螺栓。3)拆除底座外层。4)继续使用绝缘隔板保护，逐相拆下底座内层的紧固螺栓。5)拆除避雷器连接线。6)取下底座。7)更换底座	15	1)操作顺序错误扣15分。2)操作方法错误扣5分。3)设备损坏扣10分			
11	搭接下桩头出线端头	将熔断器出线端头的绝缘遮蔽套依次拆除，并将出线端头接入熔断器的下桩头	10	1)人体同时接触两相或同时接触未遮蔽的接地体，每次扣3分。2)出线连接不牢固可靠，扣4分			
12	拆除绝缘遮蔽	将工作地点的绝缘遮蔽依次拆除	5	1)拆除顺序错误扣3分。2)拆除遮蔽乱放扣2分			
13	推上熔断件	将新的熔断件挂好后推上	5	1)安全距离不够扣2分。2)未藏绝缘手套扣2分			
14	工作结束	1)工作负责人组织班组成员清理现场。2)召开班后会，工作负责人做工作总结和点评工作。3)评估本项工作质量。4)点评班组成员在作业中安全措施的落实情况。5)点评班组成员对规程规范的执行情况。6)办理带电作业工作票终结手续	10	1)工器具未清理扣2分。2)工器具有遗漏扣2分。3)未开班后会扣2分。4)未拆除围栏扣2分。5)未办理带电工作工作票终结手续扣2分			
15	合计		100				

139

第六节 0.4 kV 线路临时电源供电

一、培训标准

（一）培训要求

培训要求见表 2-31。

表 2-31　培训要求

模块名称	0.4 kV 线路临时电源供电	培训类别	操作类
培训方式	实操培训	培训学时	11 学时
培训目标	1. 熟悉使用发电车敷设低压旁路电缆给 0.4 kV 线路配电箱临时供电操作流程。 2. 能完成临时供电低压旁路电缆敷设操作。 3. 能完成在发电车和 0.4 kV 线路之间敷设旁路柔性电缆，完成临时电源供电的操作		
培训场地	0.4 kV 低压带电作业实训线路		
培训内容	在发电车和 0.4 kV 线路配电箱之间敷设低压柔性电缆，完成对 0.4 kV 线路临时供电操作		
适用范围	0.4 kV 绝缘手套作业法临时电源供电工作		

（二）引用规程规范

GB/T 18857—2019 《配电线路带电作业技术导则》

GB/T 18269—2008 《交流 1 kV、直流 1.5 kV 及以下电压等级带电作业用绝缘手工工具》

Q/GDW10520—2016 《10 kV 配网不停电作业规范》

Q/GDW 745—2012 《配电网设备缺陷分类标准》

Q/GDW 11261—2014 《配电网检修规程》

国家电网安质〔2014〕265 号《国家电网公司电力安全工作规程（配电部分）（试行）》

（三）培训教学设计

本设计以完成"0.4 kV 绝缘手套作业法临时电源供电"为工作任务，按工作任务的标准化作业流程来设计各个培训阶段，每个阶段包括了具体的培训目标、培训内容、培训学时、培训方法与资源、培训环境和考核评价等内容，如表 2-32 所示。

表 2-32　0.4 kV 线路临时电源供电培训内容设计

序号	培训流程	培训目标	培训内容	培训学时	培训方法与资源	培训环境	考核评价
1	理论教学	1. 熟悉 0.4 kV 线路临时供电工器具及材料检查方法。 2. 熟悉临时供电旁路系统敷设方法。 3. 熟悉临时供电操作方法	1. 本项目所涉及的车辆、个人防护用具、绝缘操作用具、旁路作业设备、个人工具和材料检查方法。 2. 在发电车和 0.4 kV 线路之间敷设旁路系统并完成绝缘检测操作流程。 3. 旁路系统的投运和退出操作流程	2	培训方法：讲授法。 培训资源：PPT、相关规程规范	多媒体教室	考勤、课堂提问和作业
2	准备工作	能完成作业前准备工作	1. 作业现场查勘。 2. 编制培训标准化作业卡。 3. 填写培训带电作业工作票。 4. 完成本操作的工器具及材料准备	1	培训方法： 1. 现场查勘和工器具及材料清理采用现场实操方法。 2. 编写作业卡和填写工作票采用讲授方法。 培训资源： 1. 0.4 kV 实训线路。 2. 0.4 kV 带电作业工器具库房。 3. 发电车。 4. 空白工作票	1. 0.4 kV 带电作业实训线路。 2. 多媒体教室	
3	作业现场准备	能完成作业现场准备工作	1. 作业现场复勘。 2. 工作申请。 3. 作业现场布置。 4. 班前会召开。 5. 工器具及材料检查	1	培训方法：演示与角色扮演法。 资源： 1. 0.4 kV 带电作业实训线路(配电箱)。 2. 发电车。 3. 工器具及材料	0.4 kV 带电作业实训线路（含配电箱）	

续表 2-32

序号	培训流程	培训目标	培训内容	培训学时	培训方法与资源	培训环境	考核评价
4	培训师演示	通过现场观摩，使学员初步领会本任务操作流程	1. 敷设发电车出线电缆并完成绝缘检测。 2. 发电车出线电缆接入发动机侧。 3. 对供电的配电箱设置绝缘遮蔽。 4. 配电箱侧安装发电车出线电缆。 5. 启动发电车电源并检查相序。 6. 断开配电箱低压总开关。 7. 合上低压出线开关。 8. 检测负荷电流。 9. 分别拉开配电箱及发电厂低压出线开关。 10. 合上配电箱低压总开关。 11. 拆除旁路系统绝缘遮蔽。	1	培训方法:演示法。资源:0.4 kV带电作业实训线路	0.4 kV带电作业实训线路（含配电箱）	采用技能考核评分细则对学员操作评分
5	学员分组训练	1. 能完成在发电车和配电箱之间敷设旁路线路系统。 2. 能完成对配电箱操作	1. 学员分组（10人一组）训练临时供电旁路系统敷设和配电箱操作。 2. 培训师对学员操作进行指导和安全监护	5	培训方法:角色扮演法。资源: 1. 0.4 kV实训线路（含配电箱）。 2. 发电车。 3. 工器具和材料	0.4 kV带电作业实训线路（含配电箱）	
6	工作终结	1. 使学员进一步辨析操作过程不足之处，便于后期提升。 2. 培养学员安全文明生产的工作作风	1. 作业现场清理。 2. 向调度汇报工作。 3. 召开班后会，对本次工作任务进行点评总结	1	培训方法:讲授和归纳法	作业现场	

(四)作业流程

1. 工作任务

在发电车和0.4 kV线路配电箱之间敷设旁路系统,完成对配电箱临时电源供电操作。

2. 天气及作业现场要求

(1)0.4 kV绝缘手套临时电源作业应在良好的天气进行。如遇雷电(听见雷声、看见闪电)、雪、雹、雨、雾等,禁止进行带电作业。风力大于5级,或空气相对湿度大于80%时,不宜进行带电作业;恶劣天气下必须开展带电抢修时,应组织有关人员充分讨论并编制必要的安全措施,经本单位批准后方可进行。

(2)作业人员精神状态良好,无妨碍作业的生理和心理障碍。熟悉工作中保证安全的组织措施和技术措施;应持有在有效期内的低压带电作业资质证书。

(3)工作负责人应事先组织相关人员完成现场勘查,根据勘查结果做出能否进行不停电作业的判断,并确定作业方法及应采取的安全技术措施,确定本次作业方法和所需工器具,并办理带电作业工作票。

(4)作业现场应该确认道路是否满足施工要求,能否停放发电车、应急抢险车等车辆,能否展放低压柔性电缆。

(5)作业现场应合理设置围栏,并妥当布置警示标示牌,禁止非工作人员入内。

3. 准备工作

1)危险点及其预控措施

(1)危险点——触电伤害。

预控措施:

①在工作中,工作负责人应履行监护职责,不得兼做其他工作,要选择便于监护的位置,监护的范围不得超过一个作业点。

②旁路电缆设备投运前应进行外观检查及绝缘性能检测,防止设备损坏或有缺陷未及时发现而造成人身、设备事故。

③作业前须检测确认配电箱负荷电流值小于旁路设备额定电流值,拆除旁路作业设备前,各相柔性电缆应充分放电。

④开关操作和柔性电缆操作人员必须穿防电弧服装(其防电弧能力不小于6.8 cal/cm^2),操作开关必须戴绝缘手套。

(2)危险点——设备损坏。

预控措施:

①敷设旁路电缆时应设围栏,在路口应采用过街保护盒或架空敷设并设专人看守。

②敷设旁路电缆时,须由多名作业人员配合使旁路电缆离开地面整体敷设,防止旁路电缆与地面摩擦。连接旁路电缆时,电缆连接器按规定要求涂绝缘脂。

③旁路作业设备的旁路电缆、旁路电缆终端的连接应核对分相标志,保证相位色的一致。

④旁路电缆运行期间,应派专人看守、巡视,防止行人碰触,防止重型车辆碾压。

⑤旁路作业设备连接过程中,必须核对相色标记,确认每相连接正确。低压临时电源接入前,应确认两侧相序一致。

(3)危险点——现场管理混乱造成人身或设备事故。

预控措施:

①每项工作开始前、结束后,每组工作完成后,小组负责人应向现场总工作负责人汇报。

②旁路作业现场应有专人负责指挥施工,多班组作业时应做好现场的组织、协调工作。作业人员应听从工作负责人指挥。

③严格按照倒闸操作票进行操作,并执行唱票制。

④作业现场设置围栏并挂好警示标示牌。监护人员应随时注意,禁止非工作人员及车辆进入作业区域。

2)工器具及材料选择

0.4 kV绝缘手套作业法临时电源供电所需工器具及材料见表2-33。工器具出库前,应认真核对工器具的使用电压等级和试验周期,并检查确认外观良好、连接牢固、转动灵活,且符合本次工作任务的要求;工器具出库后,应存放在工具袋或工具箱内进行运输,防止脏污、受潮;金属工具和绝缘工器具应分开装运,防止因混装运输导致工器具变形、损伤等现象发生。

表 2-33　临时电源供电所需工器具及材料

序号	工器具名称		规格/型号	单位	数量	备注
1	作业车辆	0.4 kV 综合抢修车(可升降)		辆	1	如需要
		0.4 kV 发电车或应急电源车		辆	1	容量根据现场实际情况确定
2	个人防护用具	绝缘手套	0.4 kV	副	1	核相、倒闸操作、绝缘遮蔽用
3		安全帽		顶	9	
4		绝缘鞋		双	9	
5		双控背带式安全带		件	1	如需要

续表 2-33

序号	工器具名称		规格/型号	单位	数量	备注
6	个人防护用具	个人电弧防护用品		套	1	室外作业防电弧能力不小于 6.8 cal/cm²；配电柜等封闭空间作业不小于 25.6 cal/cm²
7	绝缘工器具	绝缘放电棒		副	1	旁路电缆试验以及使用以后,放电用
8		绝缘毯		块	8	向架空线路临时供电时用
9		毯夹		只	16	
10		绝缘横担		副	2	
11		绝缘隔板		块	2	向配电箱临时供电时用
12	旁路作业装备	旁路电缆	0.4 kV		若干	根据现场实际长度配置
13		快速插拔旁路电缆直通连接器	0.4 kV		若干	根据现场实际情况确定
14		快速插拔旁路电缆 T 型连接器	0.4 kV	套	1	
15		旁路电缆接线保护盒		若干		根据现场实际情况确定
16		旁路电缆终端	0.4 kV	套	3	与待供电低压侧设备配套
17		旁路电缆防护盖板、防护垫布等		若干		地面敷设
18		端子快速连接器	0.4 kV		若干	根据现场实际情况确定
19	个人工器具	绝缘扳手		把	1	
20		活络扳手		把	1	
21		个人手工工具		套	1	
22		绝缘电阻表	500 V	台	1	
23		验电器	0.4 kV	支	1	
24		相序表	0.4 kV	个	1	
25		围栏、安全警示牌等		若干		根据现场实际情况确定
26	材料	线夹		只	4	

3) 作业人员分工

0.4 kV低压线路临时电源供电工作业人员分工如表2-34所示。

表2-34　0.4 kV低压线路临时电源供电作业人员分工

序号	工作岗位	数量/人	工作职责
1	工作负责人	1	负责本次工作任务的人员分工、工作票的宣读、工作许可手续的办理、工作班前会的召开、工作中突发情况的处理、工作质量的监督、工作后的总结
2	电缆不停电作业成员	3	负责敷设和回收旁路电缆、负责电缆头作业和核相工作
3	倒闸操作人员	2	负责开关倒闸操作

4. 工作程序

0.4 kV低压线路临时电源工作流程如表2-35所示。

表2-35　0.4 kV低压线路临时电源工作流程

序号	作业内容	作业步骤及标准	安全措施及注意事项	责任人
1	现场复勘	（1）现场核对0.4 kV线路配电箱名称及编号，确认箱体有无漏电现象、现场是否满足作业条件。 （2）确认发电车容量是否满足负荷标准。 （3）检测风速、湿度等现场气象条件是否符合作业要求。 （4）检查地形环境是否满足0.4 kV发电车或应急电源车安置条件。 （5）检查带电作业工作票所列安全措施与现场实际情况是否相符，必要时予以补充	（1）正确穿戴安全帽、工作服、工作鞋、劳保手套。 （2）0.4 kV线路配电箱双重名称核对无误。 （3）临时电源车容量满足负荷标准。 （4）不得在危及作业人员安全的气象条件下作业。 （5）临时电源车停放地面坚实、平整。 （6）现场作业条件满足工作票要求，安全措施完备。 （7）严禁非工作人员、车辆进入作业现场	

表 2-35　0.4 kV 低压线路临时电源工作流程

序号	作业内容	作业步骤及标准	安全措施及注意事项	责任人
2	工作许可	(1)工作负责人向设备运行单位申请许可工作。 (2)经值班调控人员许可后,方可开始带电作业	(1)汇报内容为工作负责人姓名、工作的作业人员、工作任务和计划工作时间。 (2)经值班调控人员许可后方可开始工作	
3	现场布置	正确装设安全围栏并悬挂标示牌: (1)安全围栏范围应充分考虑高处坠物,以及对道路交通的影响。 (2)安全围栏出入口设置合理。 (3)妥当布置"从此进出""在此工作"等标示。 (4)作业人员将工器具和材料放在清洁、干燥的防潮苫布上。 (5)发电车正确顺线路方向停放在作业位置	(1)对道路交通安全影响不可控时,应及时联系交通管理部门强化现场交通安全管控。 (2)工器具应分类摆放。 (3)绝缘工器具不能与金属工具、材料混放。 (4)发电车停放位置应避开附近电力线路和障碍物	
4	召开班前会	(1)全体工作成员列队。 (2)工作负责人宣读工作票,明确工作任务及人员分工;讲解工作中的安全措施和技术措施;查(问)全体工作成员精神状态;告知工作中存在的危险点及采取的预控措施。 (3)全体工作成员在带电作业工作票上签名确认	(1)工作票填写、签发和许可手续规范,签名完整。 (2)全体工作成员精神状态良好。 (3)全体工作成员明确任务分工、安全措施和技术措施	

表 2-35 0.4 kV 低压线路临时电源工作流程

序号	作业内容	作业步骤及标准	安全措施及注意事项	责任人
5	检查绝缘工器具及个人防护用品	(1)对绝缘工具、防护用具外观和试验合格证检查,并检测其绝缘性能。 (2)作业人员穿戴个人安全防护用品。 (3)对旁路作业设备进行外观、绝缘性能检查。 (4)检查确认配电箱负荷电流满足要求	(1)金属、绝缘工具使用前,应仔细检查其是否损坏、变形、失灵。绝缘工具应使用 2 500 V 及以上绝缘电阻表进行分段绝缘检测,阻值应不低于 700 MΩ,并在试验周期内,用清洁干燥的毛巾将其擦拭干净。 (2)检查旁路电缆的外保护套是无机械性损伤;旁路电缆连接部位是否有损伤,绝缘性能是否满足要求。 (3)作业前确认待转移负荷电流是否满足要求	
6	敷设发电车出线电缆	(1)作业人员敷设旁路作业设备防护垫布、敷设旁路防护盖板。 (2)在待供电低压侧设备与低压临时电源之间敷设旁路电缆,对旁路电缆进行分段绑扎固定	(1)敷设旁路电缆时,须由多名作业人员配合使旁路电缆离开地面整体敷设,防止旁路电缆与地面摩擦。 (2)连接旁路作业设备前,应对各接口进行清洁和润滑:用清洁纸或清洁布、无水酒精或其他清洁剂清洁;确认绝缘表面无污物、灰尘、水分、损伤。在插拔界面均匀涂抹硅脂。 (3)检查和确认各部分连接良好	
7	绝缘检测	(1)工作负责人组织作业人员对发电车出线电缆进行外观检查。 (2)对整套旁路电缆设备进行绝缘检测并放电	(1)旁路电缆表面应无明显磨损或破损情况。 (2)旁路系统绝缘电阻不应小于 700 MΩ。 (3)绝缘电阻摇测后必须对每相电缆充分放电	

续表 2-35

序号	作业内容	作业步骤及标准	安全措施及注意事项	责任人
8	发电车出线电缆接入发电机侧	(1) 按照相色标记,将低压柔性电缆接入发电机低压开关下桩头。 (2) 确认发动机侧出线开关处于分位	(1) 发电车出线电缆相位应与发动机低压开关下桩头相色一致。 (2) 旁路设备投运前必须进行核相	
9	设置绝缘遮蔽	倒闸操作人员对配电箱可能触及的带电部位设置绝缘遮蔽隔板	绝缘遮蔽措施应严密和牢固	
10	配电箱侧安装发电车出线电缆	确认配电箱开关处于分位,作业人员使用相序表核对待供电低压设备相序和低压柔性电缆色标,按照"先零线、后相线"的顺序逐相安装	安装应牢固,临相电缆应无触碰	
11	启动发电车电源	(1) 启动低压临时电源,如为发电车应先检查水位、油位、机油,确认供油、润滑、气路、水路的畅通,连接部无渗漏。 (2) 再次确认低压开关处于分位,并检查发电车接地是否良好。 (3) 合上发电车出线开关	发电机启动后保持空载预热状态,直至水温达到规定值,电子屏显示各项参数在正常范围	
12	检测相序	倒闸操作人员使用相序表检测低压临时电源出线开关两侧相序	低压临时电源接入前应确认两侧相序一致	
13	断开配电箱低压总开关	(1) 倒闸操作人员断开配电箱低压侧总开关。 (2) 用验电器对低压总开关出线逐相验电	(1) 执行倒闸操作命令。 (2) 对低压开关验电时,相序正确,验电应戴绝缘手套	

续表 2-35

序号	作业内容	作业步骤及标准	安全措施及注意事项	责任人
14	合上低压出线开关	合上低压出线开关,并验电确认	合低压开关时应戴绝缘手套	
15	检查负荷情况	用钳型电流表检测负荷电流,并判断通流情况	各相旁路电缆实际电流应小于线路负荷电流(可以通过以往运行数据获得)	
16	拉开配电箱低压出线开关	临时取电结束后,倒闸操作人员拉开低压出线开关并确认	(1)执行倒闸操作命令。 (2)低压出线开关处于分位	
17	拉开发电车出线开关	拉开发电车出线开关,退出发电车电源	拉合开关必须戴绝缘手套	
18	拆除旁路系统低压电缆和绝缘遮蔽	(1)拆除低压柔性电缆,电缆与线路断开后逐项放电。 (2)拆除配电箱绝缘遮蔽	(1)旁路柔性电缆拆除前必须充分放电。 (2)拆除绝缘隔板时动作必须轻缓,配电箱与带电体必须保持应有安全距离	
19	施工质量检查	工作负责人检查作业质量	全面检查作业质量,无遗漏的工具、材料等	
20	工作结束	(1)工作负责人检查工作现场,整理工器具。 (2)办理工作终结手续。 (3)召开班后会	(1)工作负责人全面检查工作完成情况。 (2)工作负责人向调度(工作许可人)汇报工作结束,终结工作票。 (3)工作负责人组织召开班后会,做工作总结和作业点评工作	

二、考核标准

国网四川省电力公司 0.4 kV 配网不停电作业技能培训考核评分细则见表 2-36。

表2-36 国网四川省电力公司0.4 kV配网不停电作业技能培训考核评分细则

考生填写栏	编号：	姓名：	所在岗位：	单位：	日期： 年 月 日		
考评员填写栏	成绩：	考评员：	考评组长：	开始时间：	结束时间：	操作时长：	
考核模块	临时电源供电	考核对象	0.4 kV配网不停电作业人员		考核方式	操作	考核时限 90 min

任务描述

在发电车和0.4 kV线路配电箱之间敷设劳路系统，完成对配电箱临时电源供电操作

工作规范及要求

1. 带电作业应在良好天气下进行。如遇雷、雨、雪、雾天气不得进行带电作业。风力大于5级，湿度大于80%时，一般不宜进行带电作业。
2. 本项作业需工作负责人1名，电缆不停电作业人员3人，倒闸操作人员2人，通过劳路系统完成给低压配电系统临时供电作业。
3. 工作负责人职责：负责本次工作任务的人员分工，工作票的宣读、线路停电复用重合闸的办理，工作班前会的召开。工作中突发情况的处理，工作质量的监督，工作后的总结。
4. 电缆不停电作业人员职责：负责敷设和回收劳路电缆，负责电缆头作业和核相工作。
5. 倒闸操作人员职责：负责开关倒闸操作。
6. 在带电作业中，如遇雷、雨、大风或其他任何情况威胁到工作人员的安全时，工作负责人或监护人可根据情况，临时停止工作。

给定条件：
1. 培训基地：0.4 kV低压线路（带配电箱）。
2. 带电工作票已办理，安全措施已经完备，工作开始，工作终结时应口头提出申请（调度或考评员）。
3. 发电车、低压柔性电缆、绝缘工器具和个人防护用具等。
4. 必须按工作程序进行操作，工序错误扣除应做项目分值，如出现重大人身、器材和操作安全隐患，考评员可下令终止操作（考核）

考核情景准备

1. 线路：0.4 kV低压配电线路（带配电箱）。工作内容：发电车通过劳路系统给配电箱临时供电。
2. 所需作业工器具：发电车、个人防护用具、绝缘工器具、劳路系统装备、个人工器具。
3. 作业现场做好监护工作，作业现场安全措施（围栏等）已全部落实，禁止非工作人员进入现场，工作人员进入作业现场必须戴安全帽。
4. 考生自备工作服，阻燃纯棉内衣、安全帽、线手套

备注

1. 各项目得分均扣完为止，如出现重大人身、器材和操作安全隐患，考评员可下令终止操作。
2. 如设备、作业环境、安全帽、工器具、绝缘工具和劳路设备等不符合作业条件，考评员可下令终止操作

续表 2-36

序号	项目名称	质量要求	分值	扣分标准	扣分原因	扣分	得分
1	现场复勘	1）工作负责人到作业现场核对 0.4 kV 线路配电箱名称及编号，确认箱体有无漏电现象、现场是否满足作业条件。 2）确认发电车容量是否满足负荷标准。 3）检测风速、湿度等现场气象条件是否符合作业要求。 4）检查地形环境是否满足 0.4 kV 发电车或应急电源车安置条件。 5）带电作业工作票应填写完整、无涂改，检查所列安全措施与现场实际情况是否相符，必要时予以补充	8	1）未核对双重称号扣 1 分。 2）未核实现场工作条件（气象），缺略部位扣 1 分。 3）未检查发电车容量扣 2 分。 4）未检查发电车作业环境扣 1 分。 5）工作票填写出现涂改，每项扣 0.5 分；工作票编号有误，扣 1 分；工作票填写不完整，扣 1.5 分			
2	工作许可	1）工作负责人向设备运行单位申请许可工作。 2）经值班调控人员许可后，方可开始带电作业工作	2	1）未联系运行部门（裁判）申请工作扣 2 分。 2）汇报专业用语不规范或不完整各扣 0.5 分			
3	现场布置	正确装设安全围栏并悬挂标示牌： 1）安全围栏范围内应充分考虑高处坠物，以及对道路交通的影响，安全围栏出入口设置合理。 2）妥当布置"从此进出""在此工作"等标示。 3）作业人员将工器具和材料放在清洁、干燥的防潮苫布上。 4）发电车按正确顺序线路方向停在作业位置	5	1）作业现场未设置围栏扣 0.5 分。 2）未设立警示牌扣 0.5 分。 3）工器具未分类摆放扣 2 分。 4）发电车位置摆放不正确扣 1 分			

续表 2-36

序号	项目名称	质量要求	分值	扣分标准	扣分原因	扣分	得分
4	召开班前会	1)全体工作成员正确穿戴安全帽、工作服。 2)工作负责人穿红色背心,宣读工作票,明确工作任务及人员分工;讲解工作中的安全措施和技术措施;告知工作成员精神状态;查(问)全体工作成员工作中存在的危险点及采取的预控措施。 3)全体工作成员在工作票上签名确认。	5	1)工作人员着装不整齐扣0.5分。 2)未进行分工本项不得分,分工不明扣1分。 3)现场工作负责人未穿安全监护背心扣0.5分。 4)工作票上工作班成员未签字或签字不全的扣1分			
5	工器具检查	1)工作人员按要求将工器具放在防潮苫布上;防潮苫布应清洁、干燥。 2)工器具应按位置管理要求分类摆放;绝缘工器具不能与金属工具、材料混放;对工器具进行外观检查。 3)绝缘工具表面不应磨损、变形、损坏,操作应灵活。绝缘工具应使用2 500 V及以上绝缘电阻表进行分段绝缘检测,阻值应不低于700 MΩ,并用清洁干燥的毛巾将其擦拭干净。 4)作业人员正确穿戴个人安全防护用品,工作负责人应认真检查是否穿戴正确、绝缘性能检查。 5)对旁路作业设备进行外观、绝缘性能检查。 6)检查确认配电箱负荷电流满足要求	10	1)未使用防潮苫布并定置摆放工器具扣1分。 2)未检查工器具试验合格标签及对工器具进行检测检查每项扣0.5分。 3)未正确使用检测仪器对工器具进行检测检查每项扣1分。 4)作业人员未正确穿戴安全防护用品,每人每次扣2分。 5)对旁路系统设备未进行检查的,每项扣1分。 6)未检测配电箱负荷扣2分			

续表 2-36

序号	项目名称	质量要求	分值	扣分标准	扣分原因	扣分	得分
6	敷设发电车出线电缆	1)作业人员敷设旁路作业设备防护垫布,敷设旁路防护盖板。 2)在待供电低压侧设备与低压临时电源之间敷设旁路电缆,对旁路电缆进行分段绑扎固定	10	1)敷设旁路作业设备未敷垫布及旁路防护盖板,各扣1分。 2)旁路电缆未分段绑扎固定的,每处扣1分。			
7	绝缘检测	1)工作负责人组织作业人员对发电车出线电缆进行外观检查。 2)对整套绝缘旁路电缆设备进行绝缘检测并放电	5	1)未对发电车出线电缆外观检查扣2分。 2)未对旁路电缆设备绝缘检测扣4分。 3)绝缘检测后未放电扣2分。			
8	发电车出线电缆接入发电机侧	1)按照相色标记,将低压柔性电缆接入发电机低压开关下桩头。 2)确认发电机侧出线开关处于分位	5	1)低压柔性电缆相位接错,每相扣1分。 2)发电机侧出线开关未处于分位扣2分			
9	设置绝缘遮蔽	倒闸操作人员对配电箱可能触及的带电部位设置绝缘遮蔽隔板	5	绝缘遮蔽措施不严密和牢固,每处扣1分。			
10	配电箱侧安装发电车出线电缆	确认配电箱接对待供电低压设备相序,作业人员使用低压柔性电缆按相序接线,按照"先零线,后相线"的顺序逐相安装	5	1)低压柔性电缆相序接错,每相扣1分。 2)零线和相线接线顺序错误扣2分			
11	启动发电车电源,并检测相序	1)启动低压临时电源。 2)再次确认低压开关处于分位,并检查发电车接地是否良好。 3)合上发电车出线开关。 4)倒闸操作人员使用相序表检测低压临时电源出线开关两侧相序一致	10	1)发电机启动后未观察显示屏各项参数扣1分。 2)未确认低压开关处于分位,并检查发电车接地情况扣2分。 3)未检查低压临时电源出线开关两侧相序是否一致扣2分			

续表 2-36

序号	项目名称	质量要求	分值	扣分标准	扣分原因	扣分	得分
12	断开配电箱低压总开关	1)倒闸操作人员断开配电箱低压总开关。 2)用验电器对低压总开关出线逐相验电	5	1)未执行倒闸操作程序扣2分。 2)未用验电器对低压总开关出线逐相验电,每相扣1分			
13	合上低压出线开关,检查负荷情况	1)合上低压出线开关,并验电确认。 2)用钳型电流表检测负荷电流,并判断通流情况	5	1)合上低压开关未验电确认扣2分。 2)未检查负荷电流并判断通流情况扣2分			
14	拉开配电箱及低压发电车低压出线开关	1)倒闸操作人员拉开低压出线开关并确认。 2)拉开发电车出线开关,退出发电车电源	5	1)未正确执行倒闸操作扣2分。 2)拉低压开关未戴绝缘手套,每次扣1分			
15	拆除旁路系统低压电缆和绝缘遮蔽	1)拆除低压柔性电缆,电缆与线路断开后逐项放电。 2)拆除配电箱绝缘遮蔽	5	1)拆除旁路系统前对电缆未充分放电扣2分。 2)拆除配电箱绝缘隔板方法错误扣1分			
16	工作结束	1)工作负责人组织班组成员清理现场。 2)召开班后会,工作负责人做工作总结和点评工作。 3)评估本项工作的施工质量。 4)开展班后作业中安全措施的落实情况。 5)点评班组成员对规程规范的执行情况。 6)办理带电作业工作票终结手续	10	1)工器具未清理扣2分。 2)工器具有遗漏扣2分。 3)未开班后会扣2分。 4)未拆除围栏扣2分。 5)未办理带电工作票终结手续扣2分			
17	合计		100				

第七节　0.4 kV 带电更换配电柜接地线

一、培训标准

(一)培训要求

培训要求见表 2-37。

表 2-37　培训要求

模块名称	0.4 kV 带电更换配电柜接地线	培训类别	操作类
培训方式	实操培训	培训学时	11 学时
培训目标	1.熟悉使用 0.4 kV 绝缘手套作业法带电更换配电柜接地线的操作流程。 2.能完成装拆临时接地线操作。 3.能完成更换 0.4 kV 配电柜接地线的操作		
培训场地	0.4 kV 低压带电作业实训线路		
培训内容	使用绝缘手套作业法,完成更换配电柜接地线的操作		
适用范围	0.4 kV 绝缘手套作业法带电更换配电柜接地线工作		

(二)引用规程规范

GB/T 18857—2019　《配电线路带电作业技术导则》

GB/T 18269—2008　《交流 1 kV、直流 1.5 kV 及以下电压等级带电作业用绝缘手工工具》

Q/GDW 10520—2016　《10 kV 配网不停电作业规范》

Q/GDW 745—2012　《配电网设备缺陷分类标准》

Q/GDW 11261—2014　《配电网检修规程》

国家电网安质〔2014〕265 号　《国家电网公司电力安全工作规程(配电部分)(试行)》

(三)培训教学设计

本设计以完成"0.4 kV 带电更换配电柜接地线"为工作任务,按工作任务的标准化作业流程来设计各个培训阶段,每个阶段包括了具体的培训目标、培训内容、培训学时、培训方法与资源、培训环境和考核评价等内容,如表 2-38 所示。

表 2-38　0.4 kV 带电更换配电柜接地线培训内容设计

序号	培训流程	培训目标	培训内容	培训学时	培训方法与资源	培训环境	考核评价
1	理论教学	1. 熟悉 0.4 kV 线路更换配电柜接地线工器具及材料检查方法。2. 熟悉临时接地线装拆方法。3. 熟悉更换配电柜接地线操作流程	1. 本项目所涉及的仪器仪表、个人防护用具、绝缘操作用具、设备和材料检查方法。2. 临时接地线装拆方法、更换配电柜接地线的操作流程	2	培训方法：讲授法。培训资源：PPT、相关规程规范	多媒体教室	考勤、课堂提问和作业
2	准备工作	能完成作业前准备工作	1. 作业现场查勘。2. 编制培训标准化作业卡。3. 填写培训带电作业工作票。4. 完成本操作的工器具及材料准备	1	培训方法：1. 现场查勘和工器具及材料清理采用现场实操方法。2. 编写作业卡和填写工作票采用讲授方法。培训资源：1. 0.4 kV 实训线路。2. 0.4 kV 带电作业工器具库房。3. 配电柜。4. 空白工作票	1. 0.4 kV 带电作业实训线路。2. 多媒体教室	

续表 2-38

序号	培训流程	培训目标	培训内容	培训学时	培训方法与资源	培训环境	考核评价
3	作业现场准备	能完成作业现场准备工作	1. 作业现场复勘。 2. 工作申请。 3. 作业现场布置。 4. 召开班前会。 5. 工器具及材料检查	1	培训方法：演示与角色扮演法。 资源： 1. 0.4 kV 带电作业实训线路（配电柜）。 2. 工器具及材料	0.4 kV 带电作业实训线路（含配电柜）	
4	培训师演示	通过现场观摩，使学员初步领会本任务的操作流程	（1）打开配电柜柜门。 （2）用钳型万用表检测配电柜接地线的电流。 （3）作业电工用绝缘毯、绝缘隔板对带电部位设置绝缘遮蔽隔离措施。 （4）打开电缆盖板。 （5）用钢丝刷等清除接地部位的油漆及脏污。 （6）安装旁路临时接地线。 （7）拆除配电柜旧接地线。 （8）安装配电柜新接地线。 （9）拆除旁路临时接地线。 （10）盖好电缆盖板。 （11）作业电工拆除绝缘遮蔽装置、绝缘隔板等绝缘隔离装置。 （12）关闭配电柜柜门	1	培训方法：演示法。 资源：0.4 kV 带电作业实训线路	0.4 kV 带电作业实训线路（含配电柜）	

续表 2-38

序号	培训流程	培训目标	培训内容	培训学时	培训方法与资源	培训环境	考核评价
5	学员分组训练	1. 能完成临时接地线的装拆工作。 2. 能完成更换配电柜接地线操作	1. 学员分组（10 人一组）训练绝缘手套作业法更换 0.4 kV 配电柜接地线。 2. 培训师对学员操作进行指导和安全监护	5	培训方法：角色扮演法。 资源： 1. 0.4 kV 实训线路（含配电箱）。 2. 发电车。 3. 工器具和材料	0.4 kV 带电作业实训线路（含配电箱）	采用技能考核评分细则对学员操作评分
6	工作终结	1. 使学员进一步辨析操作过程的不足之处，以便今后期提升。 2. 培训学员安全文明生产的工作作风	1. 作业现场清理。 2. 向调度汇报工作。 3. 召开班后会，对本次工作任务进行点评总结	1	培训方法：讲授和归纳法	作业现场	

(四)作业流程

1. 工作任务

在使用绝缘手套作业法接好配电柜临时接地线的情况下,完成更换配电柜接地线的操作。

2. 天气及作业现场要求

(1)0.4 kV绝缘手套更换配电柜接地线作业应在良好的天气进行。如遇雷电(听见雷声、看见闪电)、雪、雹、雨、雾等,禁止进行带电作业。风力大于5级,或空气相对湿度大于80%时,不宜进行带电作业;恶劣天气下必须开展带电抢修时,应组织有关人员充分讨论并编制必要的安全措施,经本单位批准后方可进行。

(2)作业人员精神状态良好,无妨碍作业的生理和心理障碍。熟悉工作中保证安全的组织措施和技术措施;应持有在有效期内的低压带电作业资质证书。

(3)工作负责人应事先组织相关人员完成现场勘查,根据勘查结果做出能否进行不停电作业的判断,并确定作业方法及应采取的安全技术措施,确定本次作业方法和所需工器具,并办理带电作业工作票。

(4)作业现场应使用验电器对配电柜外壳进行验电,确认无漏电现象。

(5)作业现场应合理设置围栏,并妥当布置警示标示牌,禁止非工作人员入内。

3. 准备工作

1)危险点及其预控措施

(1)危险点——触电伤害。

预控措施:

①在工作中,工作负责人应履行监护职责,不得兼做其他工作,要选择便于监护的位置,监护的范围不得超过一个作业点。

②作业中使用绝缘工具应有绝缘柄,其外裸露的导电部位应采取绝缘包裹措施,作业中邻近不同电位导线或金具时,应采取绝缘隔离措施,防止相间短路和单相接地。

③作业前,应用低压验电器检验配电柜外壳是否漏电。

④进入工作现场,应穿戴好安全帽、低压绝缘手套、防电弧手套、绝缘鞋等个人安全防护用具。

⑤更换配电柜接地线前,先接好临时接地线。

(2)危险点——设备损坏。

预控措施:

①作业现场及工具摆放位置周围应设置安全围栏、标示牌,防止其他人员进入作业现场。

②作业时应控制导线摆动幅度,防止短路或接地。

③装设接地线时应先接接地端,后接设备端;拆除时与之相反。

(3)危险点——现场管理混乱造成人身或设备事故。

预控措施:

①每项工作开始前、结束后,每组工作完成后,小组负责人应向现场总工作负责人汇报。

②更换配电柜接地线作业现场应有专人负责指挥施工,多班组作业时应做好现场的组织、协调工作。作业人员应听从工作负责人指挥。

③严格按照0.4 kV带电更换配电柜接地线作业操作票进行操作,并执行唱票制。

④作业现场设置围栏并挂好警示标示牌。监护人员应随时注意,禁止非工作人员及车辆进入作业区域。

2)工器具及材料选择

0.4 kV带电更换配电柜接地线所需工器具及材料见表2-39。工器具出库前,应认真核对工器具的使用电压等级和试验周期,并检查确认外观良好、连接牢固、转动灵活,且符合本次工作任务的要求;工器具出库后,应存放在工具袋或工具箱内进行运输,防止脏污、受潮;金属工具和绝缘工具应分开装运,防止因混装运输导致工器具变形、损伤等现象发生。

表2-39 0.4 kV带电更换配电柜接地线所需工器具及材料

序号	工器具名称		规格/编号	单位	数量	备注
1	个人防护用具	安全帽		顶	2	
2		绝缘鞋		双	1	
3		绝缘手套	0.4 kV	双	1	
4		防刺穿手套		双	1	
5		绝缘垫	3 m×3 m	块	1	
6	绝缘工具	绝缘毯		块	2	
7		毯夹		只	4	
8		绝缘挡板		块	2	
9		临时绝缘接地线		副	1	
10		绝缘柄钢丝钳	6寸	把	1	
11		绝缘柄剥线钳		把	1	
12		绝缘柄断线剪		把	1	
13		绝缘柄螺丝刀	6寸	把	1	
14		绝缘斜口钳	4寸	把	1	
15		绝缘扳手	6寸	把	2	
16		绝缘柄电工刀		把	1	
17	仪器仪表	钳型万用表		只	1	

续表 2-39

序号	工器具名称		规格/编号	单位	数量	备注
18	其他工具	低压验电器		支	1	
19		压接钳		套	1	
20		钢丝刷		把	1	
21		警示标示牌		块	1	
22		防潮垫	1 m×1 m	块	1	
23		安全遮栏、安全围绳		m	若干	
24	设备材料	导线		m	若干	与原接地线型号、截面等相同
25		接线端子		只	2	
26		绝缘胶带		卷	1	

4. 作业人员分工

0.4 kV 带电更换配电柜接地线作业人员分工如表 2-40 所示。

表 2-40 0.4 kV 带电更换配电柜接地线作业人员分工

序号	工作岗位	数量/人	工作职责
1	工作负责人（兼监护人）	1	负责本次工作任务的人员分工、工作票的宣读、工作许可手续的办理、工作班前会的召开、工作中突发情况的处理、工作质量的监督、工作后的总结
2	工作班成员	1	负责临时接地线的装拆工作

5. 工作程序

0.4 kV 带电更换配电柜接地线工作流程如表 2-41 所示。

表 2-41 0.4 kV 带电更换配电柜接地线工作流程

序号	作业内容	作业步骤	作业标准	备注
1	工具储运和检测	领用、检查、运输绝缘工器具及辅助器具	（1）应核对工器具的电压等级和试验周期，并检查外观完好无损。（2）工器具在运输过程中，应存放在专用工具袋、工具箱或工具车内，以防受潮和损伤	

续表 2-41

序号	作业内容	作业步骤	作业标准	备注
2	现场操作前的准备	(1)现场复勘。 (2)与设备运维管理单位履行许可手续。 (3)设置安全围栏和警示标示牌。 (4)召开班前会。 (5)整理、检查工器具。 (6)作业电工使用验电器对配电柜外壳进行验电,确认无漏电现象	(1)工作负责人核对配电柜双重名称。 (2)工作负责人检查作业装置、现场环境符合作业条件。 (3)低压工作票得到许可后方可开始工作。 (4)安全围栏、标示牌设置合理。 (5)工作任务、安全措施、技术措施交代清楚,作业人员精神状态良好。 (6)整理材料,对安全用具、绝缘工具进行检查,应合格、齐备。 (7)作业电工个人防护用具穿戴正确。 (8)验明配电柜外壳无电,验电时戴绝缘手套	
3	测流	(1)打开配电柜柜门。 (2)用钳型万用表检测配电柜接地线的电流	确认配电柜接地线无接地电流	
4	设置绝缘遮蔽隔离装置	作业电工用绝缘毯、绝缘隔板对带电部位设置绝缘遮蔽隔离装置	(1)按照"由近及远"的顺序设置绝缘遮蔽隔离装置。 (2)对作业时可能碰触的带电部位均应进行绝缘隔离或绝缘遮蔽	

续表 2-41

序号	作业内容	作业步骤	作业标准	备注
5	安装旁路临时接地线	(1)打开电缆盖板。 (2)用钢丝刷等清除接地线安装部位的油漆及脏污。 (3)安装旁路临时接地线	(1)安装临时接地线时应先装接地端、后装设备端。 (2)安装临时接地线时应安装牢固、可靠。 (3)安装临时接地线时应采用与主导线相同载流能力、相同材质的绝缘导线	
6	更换配电柜接地线	(1)拆除配电柜旧接地线。 (2)安装配电柜新接地线	(1)拆除时,应先拆设备端、后拆接地端。 (2)安装时,应先装接地端、后装设备端	
7	拆除旁路临时接地线	(1)拆除旁路临时接地线。 (2)盖好电缆盖板	拆除时,应先拆设备端、后拆接地端	
8	拆除绝缘遮蔽隔离装置	(1)作业电工拆除绝缘毯、绝缘隔板等绝缘遮蔽隔离装置。 (2)关闭配电柜柜门	按照"由远及近"的顺序拆除绝缘遮蔽隔离装置	
9	施工质量检查	工作负责人检查作业质量	全面检查作业质量,无遗漏的工具、材料等	
10	工作终结	(1)工作负责人检查工作现场,整理工器具。 (2)办理工作终结手续。 (3)召开班后会	(1)工作负责人全面检查工作完成情况。 (2)工作负责人向调度(工作许可人)汇报工作结束,终结工作票。 (3)工作负责人组织召开班后会,做工作总结和作业点评工作	

二、考核标准

国网四川省电力公司 0.4 kV 配网不停电作业技能培训考核评分细则见表 2-42。

表2-42 国网四川省电力公司0.4 kV 配网不停电作业技能培训考核评分细则

考生填写栏	姓名:	所在岗位:	单位:	日 期:	年 月 日
考评员填写栏	成绩:	考评员:	考核组长:	开始时间: 结束时间:	操作时长:

考核模块	更换配电柜接地线	考核对象	0.4 kV 配网不停电作业人员	考核方式	操作	操作时限	90 min

任务描述

在使用绝缘手套作业法接好配电柜临时接地线的情况下,完成更换配电柜接地线的操作

工作规范要求

1. 带电作业应在良好天气下进行。如遇雷、雨、雪、雾天气不得进行带电作业。风力大于5级、湿度大于80%时,一般不宜进行带电作业。
2. 本项作业需工作负责人1人,工作班成员1名,负责临时接地线的装拆,以及更换配电柜接地线作业。
3. 工作负责人职责:负责本次工作任务的分工,工作票的宣读,线路操作票的宣读、线路操作票的监督。工作中突发情况的处理,工作质量的监督,工作后的总结。
4. 工作班成员职责:负责临时接地线的装拆工作。
5. 在带电作业中,如遇雷、雨、大风或其他任何情况威胁到工作人员的安全时,工作负责人或监护人可根据情况,临时停止工作。

给定条件:

1. 培训基地:0.4 kV 低压配电柜。
2. 带电作业工作票已办理,安全措施已经完备,工作开始,工作终结时应口头提出申请(调度或考评员)。
3. 临时接地线,配电柜接地线,绝缘工器具和个人防护用具等。
4. 必须按工作程序进行操作,工序错误扣除应做项目分值,如出现重大人身、器材和操作安全隐患,考评员可下令终止操作(考核)。

考核情景准备

1. 线路:0.4 kV 低压配电线路(带配电柜)。工作内容:更换配电柜接地线。
2. 所需作业工器具:个人防护用具、绝缘工器具、仪器仪表、设备材料、个人工具。
3. 作业现场做好监护工作,作业现场安全措施(周栏等)已全部落实,禁止非作业人员进入现场,工作人员进入作业现场必须戴安全帽。
4. 考生自备工作服,阻燃纯棉内衣、安全帽、线手套。

备注

1. 各项目得分扣完为止,如出现重大人身、器材和操作安全隐患,考评员可下令终止操作。
2. 如设备、作业环境、安全帽、工器具、绝缘工具和接地线等不符合作业条件考评员下令终止操作

续表 2-42

序号	项目名称	质量要求	分值	扣分标准	扣分原因	扣分	得分
1	现场复勘	1）工作负责人核对配电柜双重名称。 2）工作负责人检查作业装置是否符合作业条件，如确认配电柜有无漏电现象等。 3）检测风速、湿度等现场气象条件是否符合作业要求。 4）检查地形环境是否满足 0.4 kV 带电更换配电柜接地线条件。 5）检查接地线装设与领用的接地线截面、规格等是否相符，检查所列安全措施与现场实际情况是否相符，必要时予以补充	8	1）未核对双重称号扣 1 分。 2）未核实现场工作条件（气象）、缺陷部位扣 1 分。 3）未检查配电柜作业环境扣 2 分。 4）工作票填写出现涂改，每项扣 0.5 分；工作编号写有误，扣 1 分；工作票填写不完整，扣 1.5 分。 5）未核对接地线装接单扣 2 分			
2	工作许可	1）工作负责人应按低压工作票内容与设备运维管理单位联系，履行工作许可手续。 2）经值班调控人员许可后，方可开始带电作业工作	2	1）未联系运行部门（裁判）申请工作扣 2 分。 2）汇报专业用语不规范或项每扣 0.5 分			
3	现场布置	正确装设安全围栏并悬挂标示牌： 1）安全围栏范围内应充分考虑高处坠物，以及对道路交通的影响，安全围栏出入口设置合理。 2）妥当布置出"从此进出""在此工作"等标示。 3）作业人员工器具和材料放在清洁、干燥的防潮苫布上	5	1）作业现场未装设围栏扣 0.5 分。 2）未设立警示牌每项扣 0.5 分。 3）工器具未分类摆放扣 2 分			

续表 2-42

序号	项目名称	质量要求	分值	扣分标准	扣分原因	扣分	得分
4	召开班前会	1)全体工作成员正确穿戴安全帽、工作服。 2)工作负责人穿红色背心,宣读工作票,明确工作任务及人员分工;讲解工作中的安全措施和技术措施;查(问)全体工作成员精神状态;告知工作中存在的危险点及采取的预控措施。 3)全体工作成员在工作票上签名确认	5	1)工作人员着装不整齐扣0.5分。 2)未进行分工本项不得分,分工不明扣1分。 3)现场工作负责人未穿安全监护背心0.5分。 4)工作票上工作班成员未签字或签字不全扣1分			
5	工器具检查	1)工作人员按要求将工器具放在防潮苫布上;防潮苫布应清洁、干燥。 2)工器具应按定置管理要求分类摆放;绝缘工器具与金属工具、材料混放;对工器具进行外观检查。 3)绝缘工具表面不应磨损、变形、损坏,操作应灵活。绝缘电阻表进行分段绝缘检测,阻值不低于700 MΩ,并用清洁干燥的毛巾将其擦拭干净。 4)作业人员正确穿戴个人安全防护用品,工作负责人应认真检查是否穿戴正确。 5)对配电柜作业设备进行外观、绝缘性能检查	10	1)未使用防潮苫布并定置摆放工器具扣1分。 2)未检查工器具试验合格标签及外观每项扣0.5分。 3)未正确使用检测仪器对工器具进行检测每项扣1分。 4)作业人员未正确穿戴安全防护用品,每人次扣2分。 5)作业电工未使用验电器对配电柜外壳进行验电,没有确认无漏电现象,扣3分			
6	测流	1)打开配电柜门。 2)用钳型万用表检测配电柜接地线的电流	5	未确认配电柜接地线无接地电流扣5分			

续表 2-42

序号	项目名称	质量要求	分值	扣分标准	扣分原因	扣分	得分
7	设置绝缘遮蔽隔离措施	作业电工用绝缘毯、绝缘隔板对带电部位设置绝缘遮蔽隔离措施	10	1) 未按照"由近及远"的顺序设置绝缘遮蔽隔离措施扣 4 分。 2) 对作业时可能碰触的带电部位未进行绝缘隔离或绝缘遮蔽,每处扣 2 分			
8	安装旁路临时接地线	1) 打开电缆盖板。 2) 用钢丝刷等清除接地线安装部位的油漆及脏污。 3) 安装旁路临时接地线	10	1) 临时接地线应先装接地端、后装设备端,未按顺序进行装设扣 4 分。 2) 临时接地线未安装牢固,可靠扣 3 分。 3) 临时接地线未采用与主导线相同载流能力、相同材质的绝缘导线扣 3 分			
9	更换配电柜接地线	1) 拆除配电柜旧接地线。 2) 安装配电柜新接地线	15	1) 拆除时,应先拆设备端、后拆接地端。未按顺序拆除扣 5 分。 2) 安装时,应先装接地端、后装设备端。未按顺序安装扣 5 分。 3) 安装新的接地线时,未安装牢固,可靠扣 5 分			
10	拆除旁路临时接地线	1) 拆除旁路临时接地线。 2) 盖好电缆盖板	8	1) 拆除时,应先拆设备端、后拆接地端。未按顺序拆除扣 5 分。 2) 电缆盖板未盖扣 3 分			
11	拆除绝缘遮蔽隔离措施	1) 作业电工拆除绝缘毯、绝缘隔板等绝缘遮蔽隔离措施。 2) 关闭配电柜门	12	1) 按照"由远及近"的顺序拆除绝缘遮蔽隔离措施,未按顺序拆除扣 5 分。 2) 拆除不完全扣 4 分。 3) 未关闭配电柜门扣 3 分			

续表 2-42

序号	项目名称	质量要求	分值	扣分标准	扣分原因	扣分	得分
12	工作结束	1)工作负责人组织班组成员清理现场。 2)召开班后会,工作负责人做工作总结和点评工作。 3)评估本项工作的施工质量。 4)点评班组成员在作业中安全措施的落实情况。 5)点评班组成员对规程规范的执行情况。 6)办理带电作业工作票终结手续	10	1)工器具未清理扣2分。 2)工器具有遗漏扣2分。 3)未开班后会扣2分。 4)未拆除围栏扣2分。 5)未办理带电工作票终结手续扣2分			
13	合计		100				

第八节 0.4 kV 低压配电柜(房)带电新增用户出线

一、培训标准

(一)培训要求

培训要求见表 2-43。

表 2-43 培训要求

模块名称	0.4 kV 低压配电柜(房)带电新增用户出线	培训类别	操作类
培训方式	实操培训	培训学时	11 学时
培训目标	1. 熟悉 0.4 kV 低压配电柜(房)带电新增用户出线操作流程。 2. 能完成 0.4 kV 低压配电柜(房)带电新增用户出线操作		
培训场地	0.4 kV 低压带电作业实训线路		
培训内容	在 0.4 kV 低压配电柜(房),完成对 0.4 kV 低压配电柜(房)带电新增用户出线操作		
适用范围	0.4 kV 绝缘手套作业法带电新增用户出线工作		

(二)引用规程规范

GB/T 18857—2019 《配电线路带电作业技术导则》

GB/T 18269—2008 《交流 1 kV、直流 1.5 kV 及以下电压等级带电作业绝缘用手工工具》

Q/GDW 10520—2016 《10 kV 配网不停电作业规范》

Q/GDW 745—2012 《配电网设备缺陷分类标准》

Q/GDW 11261—2014 《配电网检修规程》

Q/GDW 1519—2014 《配网运维规程》

国家电网安质〔2014〕265 号 《国家电网公司电力安全工作规程(配电部分)(试行)》

(三)培训教学设计

本设计以完成"0.4 kV 低压配电柜(房)带电新增用户出线"为工作任务,按工作任务的标准化作业流程来设计各个培训阶段,每个阶段包括了具体的培训目标、培训内容、培训学时、培训方法与资源、培训环境和考核评价等内容,如表 2-44 所示。

表 2-44 0.4 kV 低压配电柜(房)带电新增用户出线培训内容设计

序号	培训流程	培训目标	培训内容	培训学时	培训方法与资源	培训环境	考核评价
1	理论教学	1. 熟悉 0.4 kV 低压配电柜(房)带电新增用户出线工器具及材料检查方法。 2. 熟悉带电新增用户出线方法	1. 本项目所涉及个人防护用具、绝缘操作用具、个人工具和材料检查方法。 2. 带电新增用户出线操作流程	2	培训方法：讲授法。 培训资源：PPT、相关规程规范	多媒体教室	考勤、课堂提问和作业
2	准备工作	能完成作业前准备工作	1. 作业现场查勘。 2. 编制培训标准化作业卡。 3. 填写培训带电作业工作票。 4. 完成本操作的工器具及材料准备	1	培训方法： 1. 现场查勘和工器具及材料清理采用现场实操方法。 2. 编写工作业卡和填写工作票采用讲授方法。 培训资源： 1. 0.4 kV 低压配电柜(房)。 2. 0.4 kV 带电作业工器具库房。 3 空白工作票	1. 0.4 kV 低压配电柜(房)。 2. 多媒体教室	
3	作业现场准备	能完成作业现场准备工作	1. 作业现场复勘。 2. 工作申请。 3. 作业现场布置。 4. 班前会召开。 5. 工器具及材料检查	1	培训方法：演示与角色扮演法。 资源： 1. 0.4 kV 低压配电柜(房)。 2. 工器具及材料	0.4 kV 低压配电柜(房)	

0.4 kV低压配电柜及低压用户不停电检修实用教程

续表 2-44

序号	培训流程	培训目标	培训内容	培训学时	培训方法与资源	培训环境	考核评价
4	培训师演示	通过现场观摩，使学员初步领会本任务操作流程	1. 敷设作业用的绝缘垫。 2. 检查作业开关内的开关及接线情况。 3. 对配电柜外壳、待作业开关及相邻设备进行验电。 4. 核对电源接入点。 5. 检查安全措施。 6. 安装绝缘遮蔽。 7. 核对相线、零线。 8. 搭接导线。 9. 拆除绝缘遮蔽。	1	培训方法：演示法。资源：0.4 kV低压配电柜（房）	0.4 kV低压配电柜（房）	采用技能考核评分细则对学员操作评分
5	学员分组训练	1. 能完成在0.4 kV低压配电柜（房）内绝缘遮蔽。 2. 能完成对0.4 kV低压配电柜（房）带电新增用户出线操作	1. 学员分组（10人一组）训练0.4 kV低压配电柜（房）内绝缘遮蔽技能操作。 2. 培训师对学员操作进行指导和安全监护	5	培训方法：角色扮演法。资源：1. 0.4 kV低压配电柜（房）。2. 工器具和材料	0.4 kV低压配电柜（房）	
6	工作终结	1. 使学员进一步辨析操作过程不足之处，便于后期提升。 2. 培训学员安全文明生产的工作作风	1. 作业现场清理。 2. 向调度汇报工作。 3. 召开班后会，对本次工作任务进行点评总结	1	培训方法：讲授和归纳法	作业现场	

172

(四)作业流程

1. 工作任务

在0.4 kV低压配电柜(房)内,完成带电新增用户出线操作。

2. 天气及作业现场要求

(1)0.4 kV绝缘手套作业带电新增用户出线应在良好的天气进行。如遇雷电(听见雷声、看见闪电),禁止进行带电作业。空气相对湿度大于80%时,不宜进行带电作业;恶劣天气下必须开展带电抢修时,应组织有关人员充分讨论并编制必要的安全措施,经本单位批准后方可进行。

(2)作业人员精神状态良好,无妨碍作业的生理和心理障碍。熟悉工作中保证安全的组织措施和技术措施;应持有在有效期内的低压带电作业资质证书。

(3)工作负责人应事先组织相关人员完成现场勘查,根据勘查结果做出能否进行不停电作业的判断,并确定作业方法及应采取的安全技术措施,确定本次作业方法和所需工器具,并办理带电作业工作票。

(4)作业现场应该确认是否满足施工要求。

(5)作业现场应合理设置围栏,并妥当布置警示标示牌,禁止非工作人员入内。

3. 准备工作

1)危险点及其预控措施

(1)危险点——触电伤害。

预控措施:

①在工作中,工作负责人应履行监护职责,不得兼做其他工作,要选择便于监护的位置,监护的范围不得超过一个作业点。

②打开箱体前,要用低压声光验电器测试箱体外壳确无电压,防止设备损坏或有缺陷未及时发现而造成人身、设备事故。

③在作业中使用的绝缘工具应有绝缘柄,其外裸露的导电部位应采取绝缘包裹措施。

④操作人员必须穿防电弧服装(其防电弧能力不小于6.8 cal/cm^2)、戴绝缘手套。

(2)危险点——设备损坏。

预控措施:

①作业现场及工具摆放位置周围应设置安全围栏、警示标志,防止行人进入作业现场。

②在带电作业过程中,作业人员应始终穿戴齐全防护用具,与邻相带电体及接地体,要始终保持安全距离或绝缘隔离。

③新增导线连接时应核对分相标志,保证相位色的一致。

④搭接引线时,应先接零线、后接相线(火线)。

（3）危险点——现场管理混乱造成人身或设备事故。

预控措施：

①每项工作开始前、结束后，每组工作完成后，小组负责人应向现场总工作负责人汇报。

②旁路作业现场应有专人负责指挥施工，多班组作业时应做好现场的组织、协调工作。作业人员应听从工作负责人指挥。

③严格按照倒闸操作票进行操作，并执行唱票制。

④作业现场设置围栏并挂好警示标示牌。监护人员应随时注意，禁止非工作人员进入作业区域。

2）工器具及材料选择

0.4 kV低压配电柜（房）带电新增用户出线所需工器具及材料见表2-45。工器具出库前，应认真核对工器具的使用电压等级和试验周期，并检查确认外观良好、连接牢固、转动灵活，且符合本次工作任务的要求；工器具出库后，应存放在工具袋或工具箱内进行运输，防止脏污、受潮；金属工具和绝缘工器具应分开装运，防止因混装运输导致工器具变形、损伤等现象发生。

表2-45　0.4 kV低压配电柜（房）带电新增用户出线所需工器具及材料

序号	工器具名称		规格/编号	单位	数量	备注
1	个人防护用具	绝缘鞋	5 kV	双	3	15 kV、35 kV可替代
2		安全帽		顶	3	
3		绝缘手套	1 kV	双	2	
4		个人电弧防护用品	大于27.0 cal/cm²	套	2	室外作业防电弧能力不小于6.8 cal/cm²；配电柜等封闭空间作业不小于27.0 cal/cm²；应为工作负责人增配不小于8 cal/cm²防电弧服
5	绝缘遮蔽（隔离）用具	绝缘包毯	1 kV	块	3	
6		绝缘挂毯	1 kV	块	2	绝缘橡胶毯
7		绝缘毯夹		只	20	
8	绝缘工器具	绝缘垫	1 kV	块	1	
9		个人绝缘手工工具	1 kV	套	1	

续表 2-45

序号	工器具名称		规格/编号	单位	数量	备注
10	其他工器具	防潮苫布	2 m×3 m	张	1	
11		验电器	0.1～10 kV	支	1	
12		高压信号发生器	10 kV	支	1	
13		温湿度计		台	1	
14		风速仪		台	1	
15		绝缘手套充气检查装备	G-99	个	1	
16		安全围栏		m	若干	根据实际需求配置
17		安全警示牌		块	若干	根据实际需求配置
18	所需材料	绝缘胶带	1 kV	卷	4	黄、绿、红、蓝四色
19		清洁干燥毛巾		条	2	

4. 作业人员分工

0.4 kV 低压配电柜(房)带电新增用户出线作业人员分工如表 2-46 所示。

表 2-46　0.4 kV 低压配电柜(房)带电新增用户出线作业人员分工

序号	工作岗位	数量/人	工作职责
1	工作负责人	1	负责本次工作任务的人员分工、工作票的宣读、工作许可手续的办理、工作班前会的召开、工作中突发情况的处理、工作质量的监督、工作后的总结
2	不停电作业人员	1	负责低压配电柜(房)带电新增用户出线工作
3	辅助人员	1	负责协助完成工作任务

5. 工作程序

0.4 kV 低压配电柜(房)带电新增用户出线工作流程如表 2-47 所示。

表 2-47 0.4 kV 低压配电柜(房)带电新增用户出线工作流程

序号	作业内容	作业步骤	作业标准	备注
1	现场复勘	(1)现场核对 0.4 kV 线路配电箱名称及编号,确认箱体有无漏电现象,现场是否满足作业条件。 (2)确认待接入新增用户低压配电柜(房)低压开关型号、相间的安全距离。 (3)检测风速、湿度等现场气象条件是否符合作业要求。 (4)检查带电作业工作票所列安全措施与现场实际情况是否相符,必要时予以补充	(1)正确穿戴安全帽、工作服、工作鞋、劳保手套。 (2)0.4 kV 线路配电箱双重名称核对无误。 (3)查看待接入新增用户低压配电柜(房)低压开关型号、相间的安全距离满足作业要求。 (4)气象条件满足作业要求。 (5)现场满足作业条件,安全措施完备。 (6)严禁非工作人员进入作业现场	
2	工作许可	工作负责人向设备运行单位申请许可工作	(1)汇报内容为工作负责人姓名、工作的作业人员、工作任务和计划工作时间。 (2)经值班调控人员许可后,方可开始带电作业工作	
3	现场布置	(1)安全围栏范围应充分考虑高处坠物,以及对道路交通的影响。 (2)安全围栏设置出入口并布置"从此进出""在此工作"等标示牌。 (3)作业人员将工器具和材料放在清洁、干燥的防潮苫布上	(1)对道路交通安全影响不可控时,应及时联系交通管理部门强化现场交通安全管控。 (2)安全围栏和标示牌设置合适。 (3)工器具应分类摆放整齐。 (4)绝缘工器具不能与金属工具、材料混放	

续表 2-47

序号	作业内容	作业步骤	作业标准	备注
4	召开班前会	(1)全体工作成员列队。 (2)工作负责人宣读工作票,明确工作任务及人员分工;讲解工作中的安全措施和技术措施;查(问)全体工作成员精神状态;告知工作中存在的危险点及采取的预控措施。 (3)全体工作成员在带电作业工作票上签名确认	(1)班前会工作任务、分工交代清楚。 (2)全体工作成员精神状态良好。 (3)全体工作成员明确任务分工、安全措施和技术措施	
5	检查绝缘工器具及个人防护用品	(1)对绝缘工具、防护用具外观和试验合格证检查,并检测其绝缘性能。 (2)作业人员穿戴个人安全防护用品。 (3)个人安全防护用具和遮蔽、隔离用具应无针孔、砂眼、裂纹。 (4)检查绝缘胶带数量是否足够,并具有黄、绿、红、蓝四色。 (5)检查接线端子型号,确认该型号端子与待作业导线、开关匹配	(1)金属、绝缘工具使用前,应仔细检查其是否损坏、变形、失灵。 (2)绝缘工具应使用 2 500 V 及以上绝缘电阻表进行分段绝缘检测,阻值应不低于 700 MΩ,并在试验周期内,用清洁干燥的毛巾将其擦拭干净。 (3)绝缘工器具、施工材料检查合格。 (4)材料型号质量满足作业要求	
6	进入带电作业区域	(1)铺设作业用绝缘垫。 (2)作业电工穿戴全套防电弧用具,进入作业位置。 (3)辅助电工穿戴全套防电弧用具,进入辅助工位。 (4)工作负责人再次确认现场设备情况是否满足作业条件	(1)进入带电作业区域前,必须穿戴全套防电弧用具,并得到工作负责人许可。 (2)现场满足作业条件	

续表 2-47

序号	作业内容	作业步骤	作业标准	备注
7	验电	(1)作业电工使用声光型验电器确认作业现场设备无漏电现象。 (2)验电时作业人员应与带电导体保持安全距离,作业人员依次对金属外壳、待作业开关和相邻设备进行验电。 (3)确认现场设备无漏电现象,验电结果汇报工作负责人	(1)验电前应确认验电器在试验有效期内,声光功能正常。 (2)验电时必须正确穿戴绝缘手套,与带电导体保持安全距离	
8	核对电源接入位置	作业电工核对电源接入点名称及编号。 (1)根据工作票(任务单)及图纸资料,核对电源接入点与供电方案电源点是否一致。 (2)确认电源接入位置正确,并汇报工作负责人	(1)确认电源接入点与供电方案电源点一致。 (2)确认完毕后必须汇报工作负责人	
9	检查安全措施	作业人员核对待作业断路器(开关)处于断开位置	断路器(开关)必须处于断开位置	
10	设置绝缘遮蔽、隔离装置	获得工作负责人的许可后,作业人员采用绝缘毯等工具对邻相带电体、接地体采取绝缘遮蔽、隔离装置	(1)按照由近及远的顺序设置绝缘遮蔽、隔离装置。 (2)绝缘毯等遮蔽用具应固定牢靠。 (3)安装绝缘遮蔽或隔离时动作应平稳,防止造成其他导线移动或设备损坏	
11	核对相线、零线	获得工作负责人的许可后,作业人员核对导线相色,分清相线(火线)、零线	相线(火线)、零线严禁混接	

续表 2-47

序号	作业内容	作业步骤	作业标准	备注
12	对待接入电缆端子进行绝缘包裹	作业人员相互配合,使用绝缘护套或绝缘胶带对待接入电缆端子进行必要的绝缘包裹	(1)包裹待接入电缆端子时应严格按相色进行绝缘包裹。 (2)绝缘包裹范围应适当,不应影响接入后端子导流	
13	搭接导线	(1)作业人员按照正确顺序搭接导线。 (2)布线符合质量要求	(1)按"先零线、后相线(火线)"的顺序接线。 (2)导线转弯符合规范,线束横平竖直、布线整体对称美观合理。 (3)螺栓不能压绝缘皮、不能露金属线,螺栓拧紧。 (4)作业时禁止人体同时接触两根线头	
14	拆除绝缘遮蔽、隔离装置	获得工作负责人的许可后,作业人员相互配合依次拆除绝缘遮蔽、隔离装置。	(1)按照与安装相反的顺序拆除绝缘隔离装置。 (2)作业时动作应平稳,防止造成导线移动或设备损坏。 (3)拆除绝缘隔板时动作必须轻缓,对配电箱、带电体必须保持应有的安全距离	
15	施工质量检查	工作负责人检查作业质量	全面检查作业质量,无遗漏的工具、材料等	
16	工作结束	(1)工作负责人检查工作现场,整理工器具。 (2)办理工作终结手续。 (3)召开班后会	(1)工作负责人全面检查工作完成情况。 (2)工作负责人向调度(工作许可人)汇报工作结束,终结工作票。 (3)工作负责人组织召开班后会,做工作总结和作业点评工作	

二、考核标准

国网四川省电力公司 0.4 kV 配网不停电作业技能培训考核评分细则见表 2-48。

表 2-48 国网四川省电力公司 0.4 kV 配网不停电作业技能培训考核评分细则

考生填写栏	编号：		所在岗位：		单　位：		年　　月　　日	
考评员填写栏	姓　名：							
	成绩：		考评组长：		开始时间：		操作时长	
			考评员：		结束时间：			
考核模块	0.4 kV 低压配电柜带电新增用户出线		考核对象		0.4 kV 配网不停电作业人员		考核方式	操作
							考核时限	90 min
任务描述	在 0.4 kV 低压配电柜（房），完成带电新增用户出线操作							
工作规范及要求	1. 带电作业应在良好天气下进行。如遇雷、雨、雪、雾天气不得进行带电作业。风力大于 5 级、湿度大于 80% 时，一般不宜进行带电作业。 2. 本项作业需工作负责人 1 名，不停电作业人员 1 人，辅助操作人员 1 人，通过低压配电柜（房）完成带电新增用户出线作业。 3. 工作负责人职责：负责本次工作任务的办理，工作票的宣读，工作前会的召开、工作中突发情况的处理、工作质量的监督，工作后的总结。 4. 不停电作业人员职责：负责低压配电柜（房）带电新增用户出线工作。 5. 倒闸操作人员职责：负责协助完成工作任务。 6. 在带电作业中，如遇雷、雨、大风或其他情况任何情况威胁到工作人员的安全时，工作负责人或监护人可根据情况，临时停止工作。给定条件： 1. 培训基地：0.4 kV 低压配电柜（房）。 2. 带电作业工作票已办理、安全措施已经完备，工作开始，工作终结时应口头提出申请（调度或考评员）。 3. 绝缘工器具和个人防护用具等。 4. 必须按工作程序进行操作，工序错误扣除应做项目分值，如出现重大人身、器材和操作安全隐患，考评员可下令终止操作（考核）							
考核情景准备	1. 设备：0.4 kV 低压配电柜（房）。工作内容：带电新增用户出线。 2. 所需工器具：个人工器具、绝缘工器具、个人工器具。 3. 作业现场做好监护工作，作业现场安全措施（围栏等）已全部落实；禁止非作业人员进入现场，工作人员进入作业现场必须戴安全帽。 4. 考生自备工作服，阻燃纯棉内衣、安全帽、线手套							
备注	1. 各项目得分扣完为止，如出现重大人身、器材和操作安全隐患，考评员可下令终止操作。 2. 如设备、作业环境、安全帽、工器具、绝缘工具等不符合作业条件考评员可下令终止操作							

续表 2-48

序号	项目名称	质量要求	分值	扣分标准	扣分原因	扣分	得分
1	现场复勘	1）工作负责人到作业现场核对配电箱名称及编号，确认箱体有无漏电现象，现场是否满足作业条件。2）检测风速、湿度等现场气象条件是否符合作业要求。3）检查作业环境是否满足新增出线条件。4）检查带电作业工作票填写完整，无涂改，检查所列安全措施与现场实际是否相符，必要时予以补充	8	1）未核对双重称号扣1分。2）未核实现场工作条件（气象），缺陷部位扣1分。3）未检查作业环境扣1分。4）工作票填写出现涂改，每项扣0.5分；工作票编号写有误，扣1分；工作票填写不完整，扣1.5分。			
2	工作许可	1）工作负责人向设备运行单位申请许可工作。2）经值班调控人员许可后，方可开始带电作业	2	1）未联系运行部门（裁判）申请工作扣2分。2）汇报专业用语不规范或不完整各扣0.5分			
3	现场布置	正确装设安全围栏并悬挂标示牌：1）安全围栏范围内应充分考虑工作需要，安全围栏出入口设置合理。2）妥当布置"从此进出""在此工作"等标示。3）作业人员将工器具和材料放在清洁、干燥的防潮苫布上	5	1）作业现场未装设围栏扣0.5分。2）未设立警示牌扣0.5分。3）工器具未分类摆放扣2分			
4	召开班前会	1）全体工作成员正确穿戴安全帽、工作服。2）工作负责人穿红色背心，宣读工作票，明确工作任务及人员分工，讲解工作中的安全措施和技术措施；告知工作中存在的危险点及精神状态；告知工作中存在的危险点及采取的预控措施。3）全体工作成员在工作票上签名确认	5	1）工作人员着装不整齐扣0.5分。2）未进行分工或分工不得分，分工不明扣1分。3）现场工作负责人未穿安全监护背心扣0.5分。4）工作票上工作班成员未签字或签字不全扣1分			

续表 2-48

序号	项目名称	质量要求	分值	扣分标准	扣分原因	扣分	得分
5	工器具、材料检查	1) 工作人员按要求将工器具放在防潮苫布上；防潮苫布应清洁、干燥。 2) 工器具应按定置管理要求分类摆放；绝缘工器具不能与金属工具、材料混放；对工器具进行外观检查。 3) 绝缘工具表面不应磨损、变形、损坏，操作应灵活。绝缘工具应进行分段绝缘检测，阻值应不低于700 MΩ，并用清洁干燥的毛巾将其擦拭干净。 4) 作业人员应正确穿戴个人安全防护用品，工作负责人应认真检查是否穿戴正确。 5) 检查接线端子型号，确认该型号端子与待作业导线开关匹配。 6) 检查绝缘胶带数量，并具有黄、绿、红、蓝四色。	10	1) 未使用防潮苫布并定置摆放工器具扣1分。 2) 未检查工器具试验合格标签及外观摆放每项扣0.5分。 3) 未正确使用检测仪器对工器具进行检测每项扣1分。 4) 作业人员未正确穿戴安全防护用品，每人次扣2分。 5) 未检查接线端子型号，确认该型号端子与作业导线开关不匹配，扣2分。 6) 未检查绝缘胶带数量，未具有黄、绿、红、蓝四色扣2分			
6	进入带电作业区域	1) 作业人员铺设作业用绝缘垫。 2) 作业电工穿戴全套防电弧用具，进入作业位置。 3) 辅助电工穿戴全套防电弧用具，进入辅助工位。 4) 工作负责人再次确认现场设备情况满足作业条件	10	1) 作业人员未铺设作业用绝缘垫，本项不得分。 2) 作业电工未穿戴全套防电弧用具，本项不得分；穿戴不规范扣2分/处。 3) 辅助电工穿戴全套防电弧用具，本项不得分；未穿戴不规范扣1分/处。 4) 工作负责人未再次确认现场设备情况满足作业条件扣3分			

续表 2-48

序号	项目名称	质量要求	分值	扣分标准	扣分原因	扣分	得分
7	验电	1) 验电时应使用声光型验电器。2) 验电时作业人员应依次对金属外壳、待作业开关和相邻设备进行验电,验电时应戴绝缘手套,验电无漏电现象,验电结果汇报工作负责人	5	1) 未使用合格的声光型验电器扣 2 分。2) 验电安全距离不够扣 4 分;未戴绝缘手套扣 2 分。3) 未确认现场设备无漏电现象扣 2 分			
8	核对电源接入位置	1) 根据工作票(任务单)及图纸资料,核对电源接入点与供电方案电源点是否一致。2) 确认电源接入位置正确,并汇报工作负责人	5	1) 未核对电源接入点与供电方案电源点是否一致,每相扣 1 分。2) 未确认电源接入位置是否正确扣 5 分			
9	检查安全措施	作业人员核对待作业断路器(开关)处于断开位置	5	未核对待作业断路器(开关)处于断开位置,扣 5 分			
10	设置绝缘遮蔽、隔离措施	1) 按照由近及远的顺序设置绝缘遮蔽、隔离措施。2) 绝缘毯等遮蔽用具应固定牢靠。3) 安装绝缘遮蔽或隔离时动作应平稳,防止造成其他导线移动或设备损坏	5	1) 遮蔽顺序错误,每次扣 1 分。2) 遮蔽用具固定不牢靠扣 2 分。3) 动作过大致使导线移动或设备损坏扣 5 分			
11	核对火线、零线	作业人员核对导线相色,分清相线(火线)、零线	5	作业人员未核对导线相色,未分清相线(火线)、零线,扣 5 分			
12	对待接入电缆端子进行绝缘包裹	1) 作业人员相互配合,使用绝缘护套或绝缘胶带对待接入电缆端子进行必要的绝缘包裹。2) 绝缘包裹范围应适当,不应影响接入后端子导流	5	1) 未对电缆端子进行包裹扣 5 分。2) 包裹方法错误或不规范每处扣 1 分			

续表 2-48

序号	项目名称	质量要求	分值	扣分标准	扣分原因	扣分	得分
13	搭接导线	1）按照"先零线，后相线（火线）"的顺序搭接导线。 2）作业时禁止人体同时接触两根线头。 3）导线转弯符合规范，线束横平竖直，布线整体对称美观，不能压绝缘皮，不能露金属线，螺栓拧紧	10	1）接线顺序错误每项扣 3 分。 2）作业时人体同时接触两根线头扣 5 分。 3）导线转弯不符合规范，线束横平竖直，布线整体对称不美观，不合理，扣 1 分/处。 4）螺栓压绝缘皮，露金属线，螺栓未拧紧扣 2 分/处			
14	拆除绝缘遮蔽、隔离措施	1）按照与安装相反的顺序拆除绝缘隔离措施。 2）作业时动作应平稳，防止造成设备损坏	5	1）拆除绝缘隔离措施顺序不正确扣 2 分。 2）作业时动作不平稳扣 2 分；造成导线移动或设备损坏扣 5 分			
15	工作结束	1）工作负责人组织班组成员清理现场。 2）召开班后会，工作负责人做工作总结和点评工作。 3）评估本项工作的施工质量。 4）点评班组成员在作业中安全措施的落实情况。 5）点评班组成员对规程规范执行情况。 6）办理带电工作票终结手续	10	1）工器具未清理扣 2 分。 2）工器具有遗漏扣 2 分。 3）未开班后会扣 2 分。 4）未拆除围栏扣 2 分。 5）未办理带电工作票终结手续扣 2 分			
16	合计		100				

第九节 0.4 kV 低压配电柜(房)带电加装智能配变终端

一、培训标准

(一)培训要求

培训要求见表 2-49。

表 2-49 培训要求

模块名称	0.4 kV 低压配电柜(房)带电加装智能配变终端	培训类别	操作类
培训方式	实操培训	培训学时	11 学时
培训目标	1. 熟悉 0.4 kV 低压配电柜(房)带电加装智能配变终端操作流程。 2. 能完成 0.4 kV 低压配电柜(房)带电加装智能配变终端操作		
培训场地	0.4 kV 低压带电作业实训线路		
培训内容	在 0.4 kV 低压配电柜(房),完成带电加装智能配变终端		
适用范围	0.4 kV 低压配电柜(房)带电加装智能配变终端工作		

(二)引用规程规范

GB/T 18857—2019 《配电线路带电作业技术导则》

GB/T 18269—2008 《交流 1 kV、直流 1.5 kV 及以下电压等级带电作业用绝缘手工工具》

Q/GDW 10520—2016 《10 kV 配网不停电作业规范》

Q/GDW 745—2012 《配电网设备缺陷分类标准》

Q/GDW 11261—2014 《配电网检修规程》

国家电网安质〔2014〕265 号 《国家电网公司电力安全工作规程(配电部分)(试行)》

(三)培训教学设计

本设计以完成"0.4 kV 低压配电柜(房)带电加装智能配变终端"为工作任务,按工作任务的标准化作业流程来设计各个培训阶段,每个阶段包括了具体的培训目标、培训内容、培训学时、培训方法与资源、培训环境和考核评价等内容,如表 2-50 所示。

表 2-50　0.4 kV 低压配电柜（房）带电加装智能配变终端培训内容设计

序号	培训流程	培训目标	培训内容	培训学时	培训方法与资源	培训环境	考核评价
1	理论教学	1. 熟悉低压配电柜（房）带电加装智能配变终端工器具及材料检查方法。2. 熟悉低压配电柜（房），完成带电加装智能配变终端	1. 本项目所涉及的车辆、个人防护用具、绝缘操作用具、旁路作业设备、个人工具和材料检查方法。2. 在 0.4 kV 低压配电柜（房），完成带电加装智能配变终端操作流程	2	培训方法：讲授法。培训资源：PPT、相关规程规范	多媒体教室	考勤、课堂提问和作业
2	准备工作	能完成作业前准备工作	1. 作业现场查勘。2. 编制培训标准化作业卡。3. 填写培训带电作业工作票。4. 完成本操作的工器具及材料准备	1	培训方法：1. 现场查勘和工器具及材料清理采用现场实操法。2. 编写工作票和填写作业卡采用讲授法。培训资源：1. 0.4 kV 低压配电柜（房）。2. 0.4 kV 带电作业工器具库房。3. 空白工作票	1. 0.4 kV 低压配电柜（房）。2. 多媒体教室	
3	作业现场准备	能完成作业现场准备工作	1. 作业现场复勘。2. 工作申请。3. 作业现场布置。4. 班前会召开。5. 工器具及材料检查	1	培训方法：演示与角色扮演法。资源：1. 0.4 kV 低压配电柜（房）。2. 低压带电作业车。3. 工器具及材料	0.4 kV 低压配电柜（房）	

续表 2-50

序号	培训流程	培训目标	培训内容	培训学时	培训方法与资源	培训环境	考核评价
4	培训师演示	通过现场观摩，学员初步领会本任务操作流程	1. 进线柜验电。 2. 进线柜设置绝缘隔离装置。 3. 固定电压采集线。 4. 安装进线柜电流互感器。 5. 取下端子接线排内短接片。 6. 进线柜取电压操作。 7. 拆除进线柜绝缘隔离装置。 8. 出线柜验电。 9. 出线柜设置绝缘隔离装置。 10. 安装出线柜电流互感器。 11. 出线柜绝缘电压采集。 12. 拆除出线柜绝缘遮蔽装置。 13. 检验智能终端能否正常工作	1	培训方法：演示法。资源：0.4 kV低压配电柜(房)	0.4 kV低压配电柜(房)	
5	学员分组训练	能完成对配电箱临时供电操作	1. 学员分组(10人一组)训练0.4 kV低压配电柜(房)带电加装智能配变终端技能操作。 2. 培训师对学员操作进行指导和安全监护	5	培训方法：角色扮演法。资源：1. 0.4 kV低压配电柜(房)。2. 工器具和材料	0.4 kV低压配电柜(房)	采用技能考核评分细则对学员操作评分
6	工作终结	1. 使学员进一步辨析操作过程不足之处，便于后期提升。2. 培训学员安全文明生产的工作作风	1. 作业现场清理。 2. 向调度汇报工作。 3. 召开班后会，对本次工作任务进行点评总结	1	培训方法：讲授和归纳法	作业现场	

(四)作业流程

1. 工作任务

在 0.4 kV 低压配电柜(房),带电完成加装智能配变终端操作。

2. 天气及作业现场要求

(1)0.4 kV 低压配电柜(房)带电加装智能配变终端作业应在良好的天气进行。如遇雷电(听见雷声、看见闪电)、雪、雹、雨、雾等,禁止进行带电作业。风力大于 5 级,或空气相对湿度大于 80%时,不宜进行带电作业;恶劣天气下必须开展带电抢修时,应组织有关人员充分讨论并编制必要的安全措施,经本单位批准后方可进行。

(2)作业人员精神状态良好,无妨碍作业的生理和心理障碍。熟悉工作中保证安全的组织措施和技术措施;应持有在有效期内的低压带电作业资质证书。

(3)工作负责人应事先组织相关人员完成现场勘查,根据勘查结果做出能否进行不停电作业的判断,并确定作业方法及应采取的安全技术措施,确定本次作业方法和所需工器具,并办理带电作业工作票。

(4)作业现场应合理设置围栏,并妥当布置警示标示牌,禁止非工作人员入内。

3. 准备工作

1)危险点及其预控措施

(1)危险点——触电伤害。

预控措施:

①在工作中,工作负责人应履行监护职责,不得兼做其他工作,要选择便于监护的位置,监护的范围不得超过一个作业点。

②作业前,确定施工现场全部设备接地正确、接地良好,并进行全面检查。

③对遮蔽时可能碰触到的带电部分要进行绝缘遮蔽。遮蔽时,作业人员要注意动作幅度不要太大,避免接触带电体形成回路。

④遮蔽要完整规范,遮蔽重叠部分不小于 100 mm。

⑤低压带电作业应戴绝缘手套、防护面罩,穿防电弧服,并保持对地绝缘。

⑥作业前必须对配电柜体进行验电,确保柜体无漏电情况。

(2)危险点——设备损坏。

预控措施:

①对工作中带电和不带电的部分进行标识、区分。

②先在准备接入的设备(不带电)工作,再在带电设备上工作。

③更换智能配变终端完毕,检查接入回路是否正确、相关信号采集是否对应。

(3)危险点——现场管理混乱造成人身或设备事故。

预控措施:

①每项工作开始前、结束后,每组工作完成后,小组负责人应向现场总工作负责人汇报。

②旁路作业现场应有专人负责指挥施工,多班组作业时应做好现场的组织、协调工作。作业人员应听从工作负责人指挥。

③严格按照倒闸操作票进行操作,并执行唱票制。

④作业现场设置围栏并挂好警示标示牌。监护人员应随时注意,禁止非工作人员及车辆进入作业区域。

2)工器具及材料选择

0.4 kV 低压配电柜(房)带电加装智能配变终端所需工器具及材料见表 2-51。工器具出库前,应认真核对工器具的使用电压等级和试验周期,并检查确认外观良好、连接牢固、转动灵活,且符合本次工作任务的要求;工器具出库后,应存放在工具袋或工具箱内进行运输,防止脏污、受潮;金属工具和绝缘工器具应分开装运,防止因混装运输导致工器具变形、损伤等现象发生。

表 2-51   低压配电柜(房)带电加装智能配变终端所需工器具及材料

序号	工器具名称		规格/型号	单位	数量	备注
1	个人防护用具	绝缘手套	0.4 kV	副	1	核相、倒闸操作、绝缘遮蔽用
2		防穿刺手套		双	1	
3		安全帽		顶	9	
4		绝缘鞋		双	9	
5		双控背带式安全带		件	1	如需要
6		个人电弧防护用品		套	1	室外作业防电弧能力不小于 6.8 cal/cm²;配电柜等封闭空间作业不小于 25.6 cal/cm²
7	绝缘工器具	绝缘隔板	1 kV	块	10	
8		绝缘尖嘴钳	1 kV	把	1	
9		绝缘斜口钳	1 kV	把	1	
10		绝缘扳手	1 kV	把	1	
11		绝缘螺丝刀	1 kV	把	1	
12		绝缘套筒	1 kV	把	1	

续表 2-51

序号	工器具名称		规格/型号	单位	数量	备注
13	个人工器具	绝缘扳手		把	1	
14		活络扳手		把	1	
15		个人手工工具		套	1	
16		绝缘电阻表	500 V	台	1	
17		验电器	0.4 kV	支	1	
18		相序表	0.4 kV	个	1	
19		围栏、安全警示牌等			若干	根据现场实际情况确定
20	材料	电流互感器	600/5	个	3	
21		电流互感器	300/5	个	3	
22		智能配电终端		套	1	
23		端子排		个	40	
24		微型空气开关		个	4	
25		异型线夹		个	4	
26		异型横梁		个	2	
27		扎带		条	若干	

3) 作业人员分工

0.4 kV 低压配电柜(房)带电加装智能配变终端作业人员分工如表 2-52 所示。

表 2-52   0.4 kV 低压配电柜(房)带电加装智能配变终端作业人员分工

序号	工作岗位	数量/人	工作职责
1	工作负责人	1	负责本次工作任务的人员分工、工作票的宣读、工作许可手续的办理、工作班前会的召开、工作中突发情况的处理、工作质量的监督、工作后的总结
2	专责监护人	1	负责监护作业人员安全
3	操作电工	2	负责安装作业

4. 工作程序

0.4 kV 低压配电柜(房)带电加装智能配变终端工作流程如表 2-53 所示。

表 2-53　0.4 kV 低压配电柜(房)带电加装智能配变终端工作流程

序号	作业内容	作业步骤	作业标准	备注
1	现场复勘	(1)现场核对 0.4 kV 低压配电柜(房)名称及编号,确认柜体有无漏电现象、现场是否满足作业条件。 (2)检测风速、湿度等现场气象条件是否符合作业要求。 (3)检查带电作业工作票所列安全措施与现场实际情况是否相符,必要时予以补充	(1)正确穿戴安全帽、工作服、工作鞋、劳保手套。 (2)0.4 kV 低压配电柜(房)双重名称核对无误。 (3)气象条件满足作业要求。 (5)现场满足工作票作业要求,安全措施完备。 (6)严禁非工作人员、车辆进入作业现场	
2	工作许可	(1)工作负责人向设备运行单位申请许可工作。 (2)经值班调控人员许可后,方可开始带电作业工作	(1)汇报内容为工作负责人姓名、工作的作业人员、工作任务和计划工作时间。 (2)不得未经值班调控人员许可即开始工作	
3	现场布置	正确装设安全围栏并悬挂标示牌: (1)安全围栏范围应充分考虑高处坠物,以及对道路交通的影响。 (2)安全围栏出入口布置"从此进出""在此工作"等标示牌,设置合理。 (3)作业人员将工器具和材料放在清洁、干燥的防潮苫布上	(1)对道路交通安全影响不可控时,应及时联系交通管理部门强化现场交通安全管控。 (2)工器具应分类摆放。 (3)绝缘工器具不能与金属工具、材料混放	

续表 2-53

序号	作业内容	作业步骤	作业标准	备注
4	召开班前会	(1)全体工作成员列队。 (2)工作负责人宣读工作票,明确工作任务及人员分工;讲解工作中的安全措施和技术措施;查(问)全体工作成员精神状态;告知工作中存在的危险点及采取的预控措施。 (3)全体工作成员在带电作业工作票上签名确认	(1)工作票填写、签发和许可手续规范,签名完整。 (2)全体工作成员精神状态良好。 (3)全体工作成员明确任务分工、安全措施和技术措施	
5	检查绝缘工器具、个人防护用品及材料	(1)对绝缘工具、防护用具外观和试验合格证检查,并检测其绝缘性能。 (2)作业人员穿戴个人安全防护用品。 (3)对智能配电终端外观进行检查	(1)金属、绝缘工具使用前,应仔细检查其是否损坏、变形、失灵。绝缘工具应使用 2 500 V 及以上绝缘电阻表进行分段绝缘检测,阻值应不低于 700 MΩ,并在试验周期内,用清洁干燥的毛巾将其擦拭干净。 (2)作业人员穿戴全套个人安全防护用品(包括绝缘手套、防电弧服、鞋罩、头套等防用品),防电弧能力应不低于 25.6 cal/cm^2。 (3)智能配变终端外观良好,符合安装条件	
6	进线柜验电	作业人员依次对进线柜引线、母排、柜体等进行验电	(1)使用相应电压等级的验电器。 (2)验电时戴绝缘手套。 (3)不得漏验、误验。 (4)设备带电情况应该符合要求,如果有漏电的情况,就需要先查明原因	

续表 2-53

序号	作业内容	作业步骤	作业标准	备注
7	进线柜设置绝缘隔离	(1)工作负责人组织作业人员对进线柜设置绝缘隔离。(2)按照"先带电体、后接地体"的原则对进线柜内带电部位进行绝缘隔离	(1)绝缘隔板应外观良好,无针孔、沙眼、裂纹。(2)作业中可能接触到的地方均应设置绝缘隔离。(3)绝缘遮蔽措施应严密和牢固	
8	固定电压采集线	作业人员将电压采集线固定在柜体横梁上	作业人员相互配合将电压采集线固定在柜体横梁上,固定牢固可靠	
9	安装进线柜电流互感器	获得工作负责人许可后,作业人员将三个电流互感器固定在柜体上,并相互配合将其固定	电流互感器要固定牢固可靠	
10	取端子接线排内短接片	获得工作负责人许可后,作业人员取下端子接线排内短接片	动作幅度要尽可能小	
11	进线柜取电压	获得工作负责人许可后,作业人员进行压接取电压操作	(1)低压进线总开关进线端螺旋杆应有足够长度,可以直接压接电压采集线进行取电。(2)取电完成后要向工作负责人汇报	
12	拆除进线柜绝缘隔离装置	获得工作负责人许可后,作业人员拆除进线柜绝缘隔离装置	绝缘隔离装置拆除顺序与装设顺序相反	
13	出线柜验电	获得工作负责人许可后,作业人员依次对出线柜引线、母排、柜体等进行验电	(1)使用相应电压等级的验电器。(2)验电时戴绝缘手套。(3)不得漏检、误检。(4)设备带电情况应该符合要求,如果有漏电的情况,就需要先查明原因	

续表 2-53

序号	作业内容	作业步骤	作业标准	备注
14	出线柜设置绝缘隔离	作业人员对出线柜内带电部位及柜体依次进行绝缘隔离	(1)绝缘隔板应外观良好,无针孔、沙眼、裂纹。 (2)按照"先近后远"的原则进行隔离。 (3)绝缘遮蔽措施应严密和牢固	
15	安装出线柜电流互感器	获得工作负责人许可后,作业人员安装出线柜电流互感器,将电流互感器安装在异型横梁上并固定在柜中	(1)电流互感器安装要牢固可靠。 (2)电流互感器引线要可靠固定	
16	出线柜电压采集	获得工作负责人许可后,作业人员使用异型线夹连接采集线,并穿刺低压电缆头取电	(1)柜体两侧作业人员密切配合。 (2)异型线夹安装要牢固可靠。 (3)穿刺电缆头位置正确	
17	拆除出线柜绝缘隔离装置	获得工作负责人许可后,作业人员拆除出线柜绝缘隔离装置	绝缘隔离装置拆除顺序与装设顺序相反	
18	检验	获得工作负责人许可后,作业人员合上开关柜电源开关,检验智能终端能否正常工作	先合进线柜开关,再合出线柜开关,最后合智能终端开关	
19	施工质量检查	工作负责人检查作业质量	全面检查作业质量,无遗漏的工具、材料等	
20	工作结束	(1)工作负责人检查工作现场,整理工器具。 (2)办理工作终结手续。 (3)召开班后会	(1)工作负责人全面检查工作完成情况。 (2)工作负责人向调度(工作许可人)汇报工作结束,终结工作票。 (3)工作负责人组织召开班后会,做工作总结和作业点评工作	

二、考核标准

国网四川省电力公司 0.4 kV 配网不停电作业技能培训考核评分细则见表 2-54。

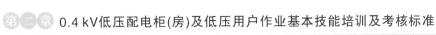

表 2-54　国网四川省电力公司 0.4 kV 配网不停电作业技能培训考核评分细则

考生填写栏	编号：	姓名：	所在岗位：	单位：	日期：	年　月　日
考评员填写栏	成绩：	考评员：	考评组长：	开始时间：	结束时间：	操作时长：

考核模块	0.4 kV 低压配电柜（房）带电加装智能配变终端	考核对象	0.4 kV 配网不停电作业人员	考核方式	操作	考核时限	90 min

任务描述

在配电变压器低压端头和低压架空线路之间敷设旁路系统，完成对低压配电柜（房）带电加装智能配变终端操作

工作规范及要求

带电作业应在良好天气下进行。如遇雷、雨、雪、雾天气不得进行带电作业。风力大于5级，湿度大于80%时，一般不宜进行带电作业。

1. 本项作业需工作负责人1名、专责监护人1人、更换配变智能终端作业人员2人。
2. 工作负责人职责：负责本次工作任务的人员分工，工作票的宣读、工作许可手续的办理，工作班前会的召开、工作中突发情况的处理，工作质量的监督，工作后的总结。
3. 智能终端安装作业人员职责：负责进线柜和出线柜的电流互感器安装、智能终端工作情况的检验。
4. 在带电作业中，如遇雷、雨、大风或其他任何情况威胁到工作人员或监护人员的安全时，工作负责人或监护人可根据情况，临时停止工作。

给定条件：
1. 培训基地：0.4 kV 低压配电柜（房）。
2. 带电作业工作票已经完善，安全措施已经落实，工作开始、工作终结时应口头提出申请（调度或考评员）。
3. 电流互感器、智能配电终端、端子排、异型空气开关、微型空气开关、绝缘线夹、绝缘工器具和个人防护用具等。
4. 必须按工作程序进行操作，工序错误扣除该项分值，如出现重大人身、器材和操作安全隐患，考评员可下令终止操作（考核）

考核情景准备

1. 设备：0.4 kV 低压配电柜（房）、智能配电终端、电流互感器、智能配变终端。
2. 所需工器具：电流互感器、绝缘子、端子排、绝缘工器具、个人工器具。
3. 作业现场做好工作，作业现场安全措施（围栏等）已全部落实，禁止非作业人员进入现场，工作人员进入作业现场必须戴好安全帽。
4. 考生自备工作服，阻燃纯棉内衣、安全帽和绝缘工具、线手套

备注

1. 各项目得分均扣完为止，如出现重大人身、器材和操作安全隐患，考评员可下令终止操作。
2. 如设备、作业环境、安全措施、工器具和劳务防护设备等不符合作业条件，考评员可下令终止操作

续表 2-54

序号	项目名称	质量要求	分值	扣分标准	扣分原因	扣分	得分
1	现场复勘	1）工作负责人到作业现场核对现场核对0.4 kV配电柜（房）名称及编号，确认柜体有无漏电现象，现场是否满足作业条件。2）检测风速、湿度等现场气象条件是否符合作业要求。3）检查带电作业工作票填写完整，无涂改，检查所列安全措施与现场实际情况是否相符，必要时予以补充	8	1）未核对双重称号扣1分。2）未核实现场工作条件（气象）扣1分。3）未检查柜体漏电情况每处扣2分。4）工作票填写出现涂改，每项扣1分；工作票编号有误，扣2分；工作票填写不完整，扣1.5分			
2	工作许可	1）工作负责人向设备运行单位申请许可工作。2）经值班调控人员许可后，方可开始带电作业	2	1）未联系运行部门（裁判）申请工作扣2分。2）汇报专业用语不规范或不完整各扣0.5分			
3	现场布置	正确装设安全围栏并悬挂标示牌：1）安全围栏范围内应充分考虑工作需要，安全围栏出入口设置合理。2）妥当布置"从此进出""在此工作"等标示。3）作业人员将工器具和材料放在清洁、干燥的防潮苫布上	3	1）作业现场未装设围栏扣1分。2）未设立警示牌扣1分。3）工器具未分类摆放扣2分。			
4	召开班前会	1）全体工作成员正确佩戴安全帽、工作服。2）工作负责人穿红色背心，宣读工作票，明确工作任务及人员分工；讲解工作中的安全措施和技术措施；告知工作中存在的危险点及采取的预控措施；查（问）全体工作成员对工作任务、安全措施、工作中的危险点状态；3）全体工作成员在工作票上签名确认	5	1）工作人员着装不整齐扣0.5分。2）未进行工作分工不得分，分工不明扣1分。3）现场工作负责人未穿安全监护背心扣0.5分。4）工作票上工作班成员未签字或签字不全扣1分			

续表 2-54

序号	项目名称	质量要求	分值	扣分标准	扣分原因	扣分	得分
5	工器具检查	1)工作人员按要求将工器具放在防潮苫布上;防潮苫布应清洁、干燥。 2)工器具应按定置管理要求分类摆放;绝缘工器具不能与金属工具、材料混放;对工器具进行外观检查。 3)绝缘工具表面不应有磨损、变形、损坏,操作应灵活。绝缘工具应使用 2 500 V 及以上绝缘电阻表进行分段绝缘检测,阻值应不低于700 MΩ,并用清洁干燥的毛巾将其擦拭干净。 4)作业人员正确穿戴个人安全防护用品,工作负责人应认真检查是否穿戴正确。 5)对智能终端设备进行外观检查	10	1)未使用防潮苫布并定置摆放工器具扣 1分。 2)未检查工器具试验合格标签及外观每项扣0.5分。 3)未正确使用检测仪器对工器具进行检测,每项扣1分。 4)作业人员未正确穿戴安全防护用品,每人次扣2分。 5)未进行智能终端检查,每项扣 1 分			
6	进线柜验电	作业人员依次对进线柜引线、母排、柜体等进行验电	3	1)未正确使用验电器扣 2 分。 2)漏检、误检扣 1 分			
7	进线柜设置绝缘隔离	1)工作负责人组织作业人员对进线柜设置绝缘隔离。 2)按照"先带电体、后接地体"的原则对进线柜内带电部位进行绝缘隔离	10	1)绝缘隔离错漏,每处扣 3 分。 2)绝缘遮蔽措施不严密牢固扣 2 分			
8	固定电压采集线	作业人员将电压采集线固定在柜体横梁上	3	1)未获工作负责人许可扣 1 分。 2)采集线固定不牢固,每处扣 1 分			
9	安装进线柜电流互感器	获得工作负责人许可后,作业人员将三个电流互感器固定在柜体上,并将相互配合将其固定	5	电流互感器固定不牢固扣 2 分			

续表 2-54

序号	项目名称	质量要求	分值	扣分标准	扣分原因	扣分	得分
10	取端子接线排内短接片	获得工作负责人许可后，作业人员取下端子接线排内短接片	3	动作偏度过大扣1分			
11	进线柜取电压	获得工作负责人许可后，作业人员进行压接取电压操作	3	1) 压接错误，每处扣3分。2) 未向工作负责人汇报扣1分			
12	拆除进线柜绝缘隔离装置	获得工作负责人许可后，作业人员拆除进线柜绝缘隔离装置	6	拆除顺序错误，每处扣2分			
13	出线柜验电	获得工作负责人许可后，作业人员依次对出线柜引线、母排、柜体等进行验电	3	1) 未正确使用验电器扣2分。2) 漏检、误检，每项扣1分			
14	出线柜设置绝缘隔离	作业人员对出线柜内带电部位及柜体依次进行绝缘隔离	10	1) 绝缘隔离错漏，每项扣3分。2) 绝缘遮蔽措施不严密牢固扣2分			
15	安装出线柜电流互感器	获得工作负责人许可后，作业人员安装出线柜电流互感器，将电流互感器安装在异型横梁上并固定在柜中	5	1) 电流互感器固定不牢固扣2分。2) 电流互感器引线固定有误扣1分			
16	出线柜电压采集	获得工作负责人许可后，作业人员使用异型接线夹采集接线，并穿刺低压电缆头取电	10	1) 电压采集线安装异型接线夹错误，每处扣1分。2) 穿刺电缆头错误，每处扣3分			
17	拆除出线柜绝缘隔离装置	获得工作负责人许可后，作业人员拆除出线柜绝缘隔离装置	6	拆除顺序错误，每处扣2分			

续表 2-54

序号	项目名称	质量要求	分值	扣分标准	扣分原因	扣分	得分
18	检验	获得工作负责人许可后，作业人员合上开关柜电源开关，检验智能终端能否正常工作	5	1) 合开关顺序错误扣 3 分。 2) 智能终端不能正常工作，本模块不合格			
19	工作结束	1) 工作负责人组织班组成员清理现场。 2) 召开班后会，工作负责人做工作总结和点评工作。 3) 评估本项工作的施工质量。 4) 点评班组成员在作业中安全措施的落实情况。 5) 点评班组成员对规程规范的执行情况。 6) 办理带电工作票终结手续	10	1) 工器具未清理扣 2 分。 2) 工器具有遗漏扣 2 分。 3) 未开班后会扣 2 分。 4) 未拆除围栏扣 2 分。 5) 未办理带电工作票终结手续扣 2 分			
20	合计		100				

第 三 章

0.4 kV低压配电现场典型案例

第一节　0.4 kV 低压配电柜(房)带电加装智能配变终端作业指导书

一、适用范围

本作业指导书适用于 0.4 kV 低压配电柜(房)带电加装智能配变终端(采样电压、电流及改造无功补偿装置)。

二、引用文件

国家电网安监〔2014〕265 号　《国家电网公司电力安全工作规程(配电部分)(试行)》

Q/GDW 1519—2014　《配电网运维规程》

Q/GDW 10520—2016　《10 kV 配网不停电作业规范》

GB/T 14286　《带电作业工具设备术语》

GB/T 18857　《配电线路带电作业技术导则》

三、人员组合

本作业项目工作人员共 5 名。其中,工作负责人(监护人)1 名,斗内电工(绝缘斗臂车)2 名,地面电工 2 名。

四、作业方法

绝缘手套作业法。

五、作业前准备

(一)基本要求

基本要求见表 3-1。

(二)作业人员要求

作业人员要求见表 3-2。

(三)工器具及车辆配备

工器具及车辆配备见表 3-3。

(四)危险点分析

危险点分析见表 3-4。

表 3-1 基本要求

√	序号	内容	标准	备注
	1	现场勘查	(1)工作负责人应提前组织有关人员进行现场勘查,根据勘查结果做出能否进行不停电作业的判断,并确定作业方法及应采取的安全技术措施。 (2)现场勘查包括下列内容:检修工作的任务,待检修低压配电柜(房)低压开关型号、相间的安全距离、需要使用的安全工器具,以及存在的作业危险点等。 (3)确认无反送电	
	2	了解现场气象条件	了解现场气象条件,判断是否符合安规对带电作业的要求	
	3	组织现场作业人员学习作业指导书	掌握整个操作程序,理解工作任务及操作中的危险点及控制措施	
	4	工作票	办理低压工作票	

表 3-2 作业人员要求

√	序号	内容	备注
	1	作业人员应身体健康,无妨碍作业的生理和心理障碍	
	2	作业人员应具备丰富的低压配电运维检修工作经验,安规考试合格	
	3	作业人员应掌握紧急救护方法,特别要掌握触电急救方法	
	4	作业人员应具备低压带电作业能力	

表 3-3 工器具及车辆配备

√	序号	工器具名称		规格/型号	单位	数量	备注
	1	安全防护用具	绝缘手套(含防穿刺手套)	0.4 kV	副	3	
			绝缘鞋(靴)		双	7	
			双控背带式安全带		副	2	
			安全帽		顶	7	
			护目镜		副	3	
			个人电弧防护用品	室外作业防电弧能力不小于 6.8 cal/cm²;配电柜等封闭空间作业不小于 25.6 cal/cm²	套	3	

续表 3-3

√	序号	工器具名称		规格/型号	单位	数量	备注
	2	绝缘工具	绝缘斗臂车/绝缘梯 （可升降绝缘平台）	0.4 kV 及以上	个	1	根据现场实际 情况安排
			绝缘护套	0.4 kV	个	若干	
			绝缘操作棒		根	1	
			绝缘放电棒		根	1	
			绝缘毯		块	若干	
			绝缘隔板		块	若干	
			绝缘遮蔽罩		个	若干	
	3	辅助工具	防潮垫或毡布		块	若干	
			低压旁路负荷开关		台	1	
			低压旁路柔性电缆		根	8	
			余缆支架		根	1	
			绝缘绳		根	1	
	4	低压绝缘 工器具	个人手工绝缘工具	1 kV	套	1	
	5	仪器仪表	绝缘电阻表	500 V	块	1	
			万用表		块	1	
			钳型电流表		块	1	
			温湿度仪		块	1	
			低压声光验电器	0.4 kV	支	1	
			围栏(网)、 安全警示牌等			若干	

表 3-4　危险点分析

√	序号	内容
	1	没有对现场装置进行验电,会造成人身触电
	2	作业点周围的带电部位不进行绝缘遮蔽,有可能发生接地或短路
	3	人员动作过大,可能会触碰带电设备而发生触电

续表 3-4

√	序号	内容
	4	低压旁路电缆的绝缘性能差,可能会引起触电
	5	人体同时接触不同电位的物体时,会造成触电
	6	配合人员向中间电位人员传递工器具及材料时,可能造成触电
	7	旁路开关发生假断,会造成带负荷搭接旁路引流线
	8	作业人员高空作业不使用安全带,会发生坠落
	9	发生高空落物时,会造成人身伤害
	10	工作地点在车辆较多的马路附近时,可能会发生交通意外
	11	带电作业平台(绝缘梯)无专人扶持,会发生倾倒

(五)安全注意事项

安全注意事项见表3-5。

表 3-5　安全注意事项

√	序号	内容
	1	作业前用验电笔确认电杆、横担无带电现象
	2	对作业点附近的带电部位进行绝缘遮蔽。遮蔽应完整,遮蔽重合,避免留有漏洞、带电体暴露,作业时接触带电体形成回路,造成人身伤害
	3	监护人员应时刻提醒作业人员动作范围
	4	旁路系统运行前采用绝缘电阻表测量绝缘电阻
	5	接引线时应使用绝缘工具有效控制引线端头;严禁同时接触不同电位,以防人体串入电路造成人身伤害。
	6	配合人员向中间电位人员传递材料时,要使用绝缘绳索
	7	旁路开关断开状态下,应用钳型电流表测试通断
	8	高空作业人员正确使用安全带,安全带的挂钩要挂在牢固的构件上
	9	作业区域必须设置安全围栏和警示牌,防止行人通过
	10	作业点前后方30 m处设置"电力施工,车辆缓行"警示牌
	11	带电作业平台(绝缘梯)设置专人扶持

(六)人员组织

人员组织见表3-6。

表3-6 人员组织

√	人员分工	人数/人	工作内容
	现场工作负责人	1	负责交代工作任务、安全措施和技术措施,履行监护职责
	斗内1号电工	1	带电断接低压旁路电缆及线路的连接
	斗内2号电工	1	带电断接低压旁路电缆及线路的连接
	地面操作电工	1	连接低压旁路负荷开关
	地面电工	2	铺设低压旁路电缆,辅助传递工器具

六、作业程序

(一)现场复勘

现场复勘见表3-7。

表3-7 现场复勘

√	序号	内容
	1	确认线路设备满足带电作业条件
	2	核对工作票中工作任务与现场设备双重名称一致
	3	确认现场作业环境和天气满足带电作业条件

(二)作业内容及标准

作业内容及标准见表3-8。

表3-8 作业内容及标准

√	序号	作业内容	作业步骤及标准	安全措施注意事项
	1	开工	(1)工作负责人向设备运维管理单位履行许可手续; (2)工作负责人召开班前会,进行"三交三查"; (3)工作负责人发布开工令	(1)工作负责人要向全体工作班成员告知工作任务和保留带电部位,交待危险点及安全注意事项; (2)工作班成员确已知晓后,在工作票上签字确认
	2	检查确认线路负荷电流	使用钳型电流表测量	确保不超过低压旁路电缆额定电流

续表 3-8

√	序号	作业内容	作业步骤及标准	安全措施注意事项
	3	设置围栏及警示牌	在工作地点四周设置围栏	围栏设置完整,警示标语醒目
	4	检查工具	对所用工具、材料进行检测	(1)检查人员应戴清洁、干燥的手套; (2)绝缘工具表面不应有磨损、变形、损坏,操作应灵活; (3)个人安全防护用具和遮蔽用具应无针孔、砂眼、裂纹; (4)检查安全带外观,并做冲击试验
	5	安装低压旁路负荷开关	在适当位置安装低压旁路负荷开关	低压旁路负荷开关应固定牢固,并有外壳保护
	6	铺设旁路低压电缆至待更换低压开关电源侧	将旁路低压电缆一端铺设至待更换低压开关电源侧,另一端铺设至低压旁路负荷开关处	(1)将旁路低压电缆放置在防潮苫布上,过马路的电缆需要用电缆盖板保护,余缆采用余缆支架固定; (2)操作电工按相色连接
	7	铺设低压旁路电缆至待更换低压开关负荷侧	将旁路低压电缆一端铺设至待更换低压开关负荷侧,另一端铺设至低压旁路负荷开关处	(1)将旁路低压电缆放置在防潮苫布上,过马路的电缆需要用电缆盖板保护,余缆采用余缆支架固定; (2)操作电工按相色连接
	8	低压旁路系统检测	合上低压旁路负荷开关,对低压旁路系统进行绝缘电阻检测	确认旁路系统绝缘性能良好
	9	放电	检测合格后,低压旁路系统放电	使用绝缘放电棒逐相放电

续表 3-8

√	序号	作业内容	作业步骤及标准	安全措施注意事项
	10	拉开低压旁路负荷开关	断开低压旁路负荷开关,确认断开状态	使用万用表测量确认低压旁路负荷开关断开状态
	11	低压旁路电缆带电接入待更换低压开关电源侧	操作电工做好绝缘遮蔽和绝缘隔离,将低压旁路电缆按相色带电接入待更换低压开关电源侧	(1)操作电工升至适当位置,人体与带电体保持安全距离; (2)遮蔽罩要将邻近带电部位和接地体完全遮蔽,安装要牢固可靠防止脱落; (3)设置绝缘遮蔽时,按照先近后远、先下后上、先带电体后接地体的顺序进行
	12	低压旁路电缆带电接入待更换低压开关负荷侧	操作电工做好绝缘遮蔽和绝缘隔离,将低压旁路电缆按相色带电接入待更换低压开关负荷侧	(1)操作电工升至适当位置,人体保持与带电体的安全距离; (2)遮蔽罩要将邻近带电部位和接地体完全遮蔽,安装要牢固可靠防止脱落; (3)设置绝缘遮蔽时,按照先近后远、先下后上、先带电体后接地体的顺序进行
	13	核相	在低压旁路负荷开关处核相	确认低压旁路负荷开关两边相位一致
	14	合上低压旁路负荷开关	核相正确后操作电工合上低压旁路负荷开关	地面操作电工穿戴好个人防护用具及电弧防护用品
	15	确认低压旁路系统分流正常	用钳型电流表检测分流确认低压旁路系统运行正常	测量原线路、低压旁路电缆两处电流
	16	断开待更换低压开关	操作电工使用绝缘操作棒断开待更换低压开关	操作电工穿戴好个人防护用具及电弧防护用品

续表 3-8

√	序号	作业内容	作业步骤及标准	安全措施注意事项
	17	确认待更换低压开关断开状态	用钳型电流表检测电流确认待更换低压开关已拉开	测量原线路、低压旁路电缆两处电流
	18	拆除待更换低压开关负荷侧接线	操作电工做好绝缘遮蔽和绝缘隔离措施,将待更换低压开关负荷侧接线拆除	(1)操作电工升至适当位置,人体与带电体保持安全距离; (2)拆开的带电端头,做好绝缘包裹及固定牢固; (3)遮蔽罩要将邻近带电部位和接地体完全遮蔽,安装要牢固可靠,防止脱落; (4)设置绝缘遮蔽时,按照先近后远、先下后上、先带电体后接地体的顺序进行
	19	拆除待更换低压开关电源侧接线	操作电工做好绝缘遮蔽和绝缘隔离措施将待更换低压开关电源侧接线拆除	(1)操作电工升至适当位置,人体保持与带电体的安全距离; (2)拆开的带电端头,做好绝缘包裹及固定牢固; (3)遮蔽罩要将邻近带电部位和接地体完全遮蔽,安装要牢固可靠,防止脱落; (4)设置绝缘遮蔽时,按照先近后远、先下后上、先带电体后接地体的顺序进行
	20	检修	更换低压开关及加装智能终端配电终端	检修作业人员按照作业要求执行
	21	确认新换低压开关断开	检查确认新换低压开关断开状态	使用万用表检查确认新换低压开关断开状态

续表 3-8

√	序号	作业内容	作业步骤及标准	安全措施注意事项
	22	连接新换低压开关电源侧接线	操作电工做好绝缘遮蔽和绝缘隔离,将新换低压开关电源侧接线按相色连接	(1)操作电工升至适当位置,人体与带电体保持安全距离; (2)遮蔽罩要将邻近带电部位和接地体完全遮蔽,安装要牢固可靠,防止脱落; (3)连接完成后同时恢复绝缘; (4)设置绝缘遮蔽时,按照先近后远、先下后上、先带电体后接地体的顺序进行
	23	连接新换低压开关负荷侧接线	操作电工做好绝缘遮蔽和绝缘隔离措施,将新换低压开关负荷侧接线按相色连接	(1)操作电工升至适当位置,人体与带电体保持安全距离; (2)遮蔽罩要将邻近带电部位和接地体完全遮蔽,安装要牢固可靠,防止脱落; (3)连接完成后同时恢复绝缘; (4)设置绝缘遮蔽时,按照先近后远、先下后上、先带电体后接地体的顺序进行;拆除绝缘遮蔽罩顺序应与安装的顺序相反
	24	核相	在新换低压开关两侧核相	确认新换低压开关两侧相位一致
	25	合上新换低压开关	核相正确后合上新换低压开关	地面操作电工穿戴好个人防护用具及电弧防护用品

续表 3-8

√	序号	作业内容	作业步骤及标准	安全措施注意事项
	26	确认新换低压开关线路分流正常	用钳型电流表检测分流,确认分流正常	测量原线路、低压旁路电缆两处电流
	27	断开低压旁路负荷开关	操作电工断开低压旁路负荷开关	操作电工穿戴好个人防护用具及电弧防护用品
	28	确认低压旁路负荷开关断开状态	用钳型电流表检测电流,确认低压旁路负荷开关已拉开	测量原线路、低压旁路电缆两处电流
	29	带电拆除低压旁路电缆与新换低压开关负荷侧的连接	操作电工做好绝缘遮蔽和绝缘隔离,将低压旁路电缆与新换低压开关负荷侧连接拆除	(1)操作电工升至适当位置,人体与带电体保持安全距离; (2)遮蔽罩要将邻近带电部位和接地体完全遮蔽,安装要牢固可靠,防止脱落; (3)拆除完成后同时恢复原线路的绝缘; (4)设置绝缘遮蔽时,按照先近后远、先下后上、先带电体后接地体的顺序进行;拆除绝缘遮蔽罩的顺序应与安装顺序相反
	30	带电拆除低压旁路电缆与新换低压开关电源侧的连接	操作电工做好绝缘遮蔽和绝缘隔离,将低压旁路电缆与新换低压开关电源侧的连接拆除	(1)操作电工升至适当位置,人体与带电体保持安全距离; (2)遮蔽罩要将邻近带电部位和接地体完全遮蔽,安装要牢固可靠,防止脱落; (3)拆除完成后同时恢复原线路的绝缘; (4)拆除绝缘遮蔽罩顺序应与安装的顺序相反

续表 3-8

√	序号	作业内容	作业步骤及标准	安全措施注意事项
	31	低压旁路系统放电	对低压旁路系统逐相放电	使用绝缘放电棒逐相放电
	32	返回地面	确认作业点无遗留物后,操作电工向工作负责人报告工作完毕,经工作负责人许可后,返回地面	作业人员操作绝缘斗臂车(可升降平台)时应平稳、缓慢

(三)竣工

竣工验收见表3-9。

表 3-9 竣工验收

√	序号	内容
	1	清理现场及工具,认真检查作业点有无遗留物,工作负责人全面检查工作完成情况,无误后清扫地面,撤离现场
	2	向设备运维管理单位汇报工作终结
	3	各类工器具对号入库,办理工作票终结手续

七、验收总结

验收总结见表3-10。

表 3-10 验收总结

√	序号	验收总结
	1	验收评价
	2	存在问题及处理意见

八、指导书执行情况评估

指导书执行情况评估见表3-11。

表3-11　指导书执行情况评估

评估内容	符合性	优		可操作项	
		良		不可操作项	
	可操作性	优		修改项	
		良		遗漏项	
存在问题					
改进意见					

第二节　0.4 kV 低压配电柜(房)带电加装智能配变终端现场实操案例

一、任务描述

从变压器低压桩头处引流经过低压旁路开关连接到用户低压线路或开关上。再将原线路的供电断开从而由旁路系统给用户供电。使低压配电箱和加装智能终端具备停电工作条件。任务完成后,将原线路重新投运,退出旁路系统。

二、操作方法

绝缘手套作业法。

三、工作原理示意图

图3-1为旁路系统与原供电系统并列运行图。图3-2为旁路系统独立运行图。

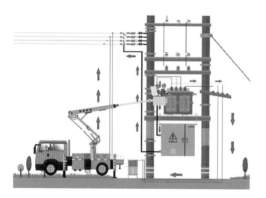

图 3-1　旁路系统与原供电系统并列运行图

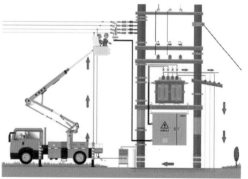

图 3-2　旁路系统独立运行图

四、作业工器具

(一)承载工具

承载工具可以选用低压带电作业车、绝缘斗臂车。

图 3-3 为杭州爱知绝缘斗臂车。图 3-4 为青岛索尔低压带电作业车。

图 3-3　杭州爱知绝缘斗臂车

图 3-4　青岛索尔低压带电作业车

(二)低压旁路负荷开关

图 3-5 为 2 进 2 出低压旁路开关,内配有面板插座,断路器 250 A,配有开关通、断指示屏。

(三)低压柔性电缆

图 3-6 所示为低压柔性电缆。

图 3-5　2 进 2 出低压旁路开关

图 3-6　低压柔性电缆

本项目需要 15 m 低压柔性电缆 8 根。

(四)个人绝缘防护用具

个人绝缘防护用具有绝缘手套、防刺穿手套、绝缘安全帽、绝缘靴、护目镜、防电弧服等。

（五）绝缘遮蔽用具

绝缘遮蔽用具有绝缘隔板、绝缘插板（隔板）、绝缘毯、绝缘夹、绝缘导线遮蔽管。

（六）其他绝缘操作工具

其他绝缘操作工具有绝缘杆、绝缘横担支撑杆、绝缘吊绳等。

（七）其他工器具

其他工器具有低压验电器、万用表、绝缘电阻表、钳型电流表、绝缘电阻表、电工螺丝刀等。

五、作业前准备

（一）现场复勘

现场复勘的目的是工作班在现场确认开展本项作业的各项条件，包括测量气象条件（见图3-7，风力不大于5级，空气湿度不大于80%）；核对电杆双重名称、台区编号（见图3-8）；检查电杆埋深、电杆纵横向裂纹、电杆倾斜；检查设备间距，线路上方交叉跨越线路等。

图3-7　测试现场风力和湿度

图3-8　核对台区双重名称

（二）工作许可

与设备运行单位申请许可工作，汇报工作负责人姓名、工作地点、线路名称、杆号、工作任务、装置情况等满足不停电作业要求，如图3-8所示。

（三）召开班前会

工作负责人组织召开班前会，检查工作班成员精神状态，阐述工作位置、工作内容、危险点及预控措施,并让工作班成员签字确认,如图 3-9 所示。

(四)清点、检查工器具和材料

工作负责人组织工作班成员检查作业所需要工器具材料,对绝缘工器具进行测量和清洁,如图 3-10 所示。

图 3-9　召开班前会

图 3-10　检查工器具

1. 检查绝缘工器具

(1)检查外观并进行清洁。

(2)检查其试验合格证是否在有效期内。

2. 检查绝缘斗臂车

(1)绝缘斗臂车必须可靠接地。

(2)进行空斗试验,检查其液压系统是否可靠。

绝缘斗臂车选用爱知 HYL5091JGK-GN19 型,如图 3-11 所示。

3. 检查个人防护用具

(1)斗内电工对安全带进行冲击试验,如图 3-12 所示。

图 3-11　爱知 HYL5091JGK-GN19 型绝缘斗臂车

图 3-12　安全带冲击试验

（2）斗内电工穿合格防电弧服。

六、作业过程

（一）进入作业区域

斗内电工操作绝缘斗臂车匀速上升，其斗臂车外沿的运动速度不大于 0.5 m/s，如图 3-13 所示，作业人员到达作业地点，如图 3-14 所示。

图 3-13　绝缘斗臂车升空

图　3-14　到达作业位置

（二）验电

作业人员在作业位置对配变低压桩头及低压架空线路进行验电，确认引线相序。

（三）设置绝缘遮蔽装置

作业人员对配变高压桩头（见图 3-15）、架空线路耐张线夹（见图 3-16），按由近到远的原则设置绝缘遮蔽。

图 3-15　配变高压桩头绝缘遮蔽

图 3-16　架空线路耐张线夹绝缘遮蔽

（四）旁路系统连接

作业人员分别在带电装设旁路系统（图 3-17）配变低压桩头和送电低压架空线路（图 3-18）。

图 3-17　低压架空线路接入旁路电缆

图 3-18　配变低压桩头接入旁路电缆

（五）旁路电缆接入移动低压负荷开关

作业人员分别将旁路电缆接入移动低压负荷开关。如图 3-19 所示。

（六）低压旁路开关核相并投运

作业人员穿防电弧服装，在工作负责人许可后，检测低压旁路负荷开关两侧相序，确认一致后，合上低压负荷开关，如图 3-20 所示。

图 3-19　旁路电缆接入移动低压负荷开关

图 3-20　作业人员闭合移动低压负荷开关

（七）检查电流

作业人员在配电变压器低压桩头处检测原线路及旁路电缆通流，确认分流正常，如图 3-21 所示。

（八）断开配电变压器配电箱开关

作业人员断开配电变压器配电箱分路开关和总路开关，如图 3-22 所示。拆除低压送电侧架空线路引线及配电变压器低压桩头引流线，如图 3-23 所示。

图 3-21　旁路电缆系统测流

图 3-22　断开配电箱分路开关

（九）安装智能配电变压器终端

作业人员确认配电箱停电后，在电杆上装设智能配电变压器终端，并将其引线接入配电箱内，如图 3-24 所示。

图 3-23　拆除配电箱连接低压引线

图 3-24　安装智能配电变压器终端

参 考 文 献

［1］国家电网有限公司设备管理部.0.4 kV 配网不停电作业培训教材(基础知识)［M］.北京:中国电力出版社,2020.

［2］国家电网有限公司设备管理部.0.4 kV 配网不停电作业培训教材(作业方法)［M］.北京:中国电力出版社,2020.

［3］杨力.配电线路带电作业实训教程［M］.北京:中国电力出版社,2015.

［4］杨力.带电作业工器具的检查使用和保管［M］.北京:中国电力出版社,2014.